能源经济与低碳政策丛书

碳捕获与封存技术经济性综合评价方法

The Comprehensive Economic Evaluation for Carbon Capture and Storage

朱 磊 范 英 莫建雷 著

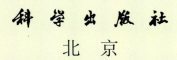

科学出版社

北 京

内 容 简 介

本书对碳捕获与封存（carbon capture and storage，CCS）技术的经济性展开了系统的评估分析，全书针对 CCS 的技术特点，通过构建合适的评估方法，从不同角度分析了电厂 CCS 技术改造的投资评价，包含多个利益相关方的全产业链 CCS 合作的成本收益分析、带 CCS 技术的能源技术组合优化，以及 CCS 技术在我国中长期的减排潜力等。全书将 CCS 技术与项目层面的投资决策、企业层面的发电组合优化及国家层面的技术发展战略决策等问题结合，在不同维度和时间尺度上分析了 CCS 技术的经济性。最后基于研究成果给出相关政策启示，并对技术的可行融资模式进行了讨论。

本书适合能源与气候相关政府部门、大型能源企业、投资机构、战略研究机构、大专院校师生、科研院所研究人员和行业协会专家阅读。

图书在版编目（CIP）数据

碳捕获与封存技术经济性综合评价方法／朱磊，范英，莫建雷著.
—北京：科学出版社，2016
（能源经济与低碳政策丛书）
ISBN 978-7-03-047526-8

Ⅰ．①碳⋯　Ⅱ．①朱⋯②范⋯③莫⋯　Ⅲ．①二氧化碳–排气–技术经济–综合评价–中国　Ⅳ．①X511

中国版本图书馆 CIP 数据核字（2016）第 044325 号

责任编辑：李　敏　王　倩／责任校对：彭　涛
责任印制：张　倩／封面设计：李姗姗

科学出版社 出版

北京东黄城根北街 16 号
邮政编码：100717
http://www.sciencep.com
中国科学院印刷厂 印刷
科学出版社发行　各地新华书店经销

*

2016 年 4 月第　一　版　开本：787×1092　1/16
2016 年 4 月第一次印刷　印张：12 3/4　插页：2
字数：300 000

定价：98.00 元
（如有印装质量问题，我社负责调换）

总　　序

　　能源和环境约束已经成为人类经济社会发展的重大挑战，节能减排和应对气候变化已经纳入中国社会经济发展的长远规划和发展战略中。中国在大力发展新能源和可再生能源、提高能源利用效率、降低单位 GDP 碳排放强度的同时，在"十三五"能源规划中进一步提出了控制能源消费总量，实现能源革命的新要求；随后承诺在 2030 年前后碳排放达到峰值，并争取提前实现；在《中美元首气候变化联合声明》中，习近平主席郑重宣布中国计划于 2017 年建成全国碳市场。

　　不断深入的能源革命和节能减排实践，对经济学和管理科学提出了新的挑战和要求，包括经济结构调整和经济转型、能源市场化改革、气候变化的全球性、新能源新技术的发展动力等，既有国际范围的课题，也有中国特有的问题。范英教授带领的研究组是国内较早对这些课题开展系统深入研究的团队，他们围绕能源和环境的现实挑战，应用扎实规范的经济学和管理科学理论方法，长期耕耘探索，不断积累，形成了丰富的研究成果。"能源经济与低碳政策丛书"是这些优秀成果的汇编，丛书具有以下鲜明的特点：

　　(1) 问题来源于实践。丛书每本专著的选题都来自现实的能源环境挑战，特别是针对中国经济的特点和所处的发展阶段，发挥了经济学和管理科学学以致用的特点，直面问题，揭示规律，探索机制，提出优化的政策建议。

　　(2) 研究方法有创意。丛书采用规范的经济学和管理科学研究方法，基于大量的实际数据，理论研究和实证研究相结合。书中涉及很多数学模型和计算，研究成果已经过同行评议，并发表在国际国内一流学术期刊上。

　　(3) 重视研究结果的落实。在理论研究和模型分析的基础上，注重讨论决策和机制设计问题，以及决策变量与环境条件参数的关系，将现实的决策与未来的情景分析结合起来，最后推导出优化的政策选择。

　　"能源经济与低碳政策丛书"选题新颖、内容丰富、论证严谨，理论与实证相结合，具有创新性、前瞻性和实用性，是一套优秀的学术丛书。我希望并深信这套丛书的出版，将进一步推动中国能源经济学、环境经济学和能源环境管理的学科发展，推动中国能源环境决策的科学化和国际化。希望范英教授团队和国际国内同行一道，在应对能源和环境挑战的事业中不断做出新的贡献。

中国优选法统筹法与经济数学研究会原理事长

中国科学院科技政策与管理科学研究所原所长

二〇一五年十月于北京

序

碳捕获与封存（CCS）技术是一项重要的温室气体减排技术，也是可持续利用化石能源的关键，特别是对我国这样严重依赖高碳煤的国家来说，CCS 技术将发挥至关重要的作用。

CCS 技术正在得到应用和发展，但目前依然能耗较大，成本较高，因此还不具备商业化推广的条件。为此，欧盟、美国等对 CCS 技术的大量研发投入和科学家与工程技术人员的持续攻关，以及在全球范围内的示范试点工作，力图推进 CCS 技术的变革性发展。中国科学家很早就开展了 CCS 技术的研究开发与政策分析工作，而企业界早在 2008 年就在高碑店建设了小规模的燃煤电厂碳捕获示范项目，目前正在积极推进多个大规模全流程的 CCS 示范。

CCS 能否成为应对气候变化的主流技术，其经济性是关键决定因素之一。由于目前 CCS 技术成熟度和经济成本方面仍具有很大的不确定性，政策环境和相关市场机制对 CCS 技术的发展和应用影响很大。因此，对 CCS 技术的投资评价和融资机制设计是气候变化相关政策研究领域的学术热点，也是业界关注的焦点之一。北京航空航天大学范英教授和朱磊副教授带领的研究团队自 2006 年开始研究 CCS 技术的经济性评价和相关政策，在一系列的 CCS 技术经济性评价关键问题上取得了重要进展。他们的成果应用于正在进行的 CCS 全流程示范项目遴选，为示范项目的成本评估和融资机制设计提供支持。

《碳捕获与封存技术经济性综合评价方法》一书系统地考虑了技术特点对经济性评价的影响，将项目不确定风险、成本节约现金流、碳捕获运营柔性、各利益相关方的风险和收益、政策影响都纳入了统一的评价框架，形成了一套完整的 CCS 技术经济性评价方法。作者不仅分析了 CCS 项目的投资收益和风险，而且进行了政策分析，提出了促进 CCS 技术投资的政策需求与融资机制。

这是一部关于 CCS 技术经济评价方法和示范项目应用的优秀著作。全书内容丰富、论述严谨、理论与实证相结合，具有创新性、前沿性、可操作性和实用性。我希望这本书的出版可以进一步推进 CCS 技术示范应用，推动建立 CCS 技术特有的融资体系，为 CCS 技术尽早应用于应对气候变化的实践做出贡献。

中国科学院院士

中国科学院工程热物理研究所

2016 年 3 月，北京

前　　言

大量研究表明，以二氧化碳（CO_2）为主的温室气体排放是全球气候变暖的主要驱动力。尽管节约能源使用和推广利用可再生能源对于减少 CO_2 排放起着至关重要的作用，但在近中期（2050 年之前），全世界的大部分国家，尤其是煤炭资源丰富的国家仍将依赖化石燃料作为主要能源，对于我国来说更是如此。因此，寻找一种能够有效捕获和存储由化石燃料燃烧所产生的 CO_2 的方法已经成为一个具有现实背景和发展需求的重大课题。碳捕获和封存（carbon capture and storage，CCS）技术正是在这样的背景下产生的新兴技术集。CCS 技术是指将 CO_2 从工业或相关能源的源头分离出来，输送到合适的地方封存起来，并且长期与大气隔绝的一个过程。作为一项潜在可行的减少温室气体排放的手段，CCS 技术在全球范围内引起了越来越多的关注。目前来看，该技术可以将原本会被排放到大气中的 CO_2 的大部分（可以高达 90%）安全地捕获并埋存于地下，已被公认是可持续使用化石燃料的关键。

尽管受到诸多关注，CCS 技术在世界范围内的推广还是遇到了诸多难题。经济性是影响 CCS 技术发展的重要因素，CCS 的技术经济性不仅由技术本身的特点决定，还受到其他减排技术方案，以及气候政策的影响：

首先，CCS 技术本身是一个链式技术组合。CCS 技术包括捕获、运输和封存三个主要环节，因为各个环节的技术发展水平不同，导致技术整体不够成熟，缺乏大规模一体化的实践经验，商业化后的相关投资成本难以预测。并且尽管 CCS 技术的成本会随着商业化程度提高而下降，但考虑到采用 CCS 技术后带来能源转化效率下降，在不考虑环境和气候外部性成本的条件下，采用 CCS 技术后的能源利用成本将始终高于化石能源直接利用成本。

其次，CCS 是只针对温室气体减排的技术方案。从减排技术方案上看，作为三个主要的减排技术方案之一，与提高能效的技术方案相比，配备 CCS 技术的电厂需要多消耗能源对 CO_2 捕获和压缩，会带来能源转化效率的下降，这与很多国家正在推行的提高能效政策是相悖的。与发展替代能源的技术方案相比，替代能源不但可以减少排放，还能缓解因化石能源枯竭而带来的能源危机，而 CCS 技术是针对化石能源使用产生的温室气体减排，因而从大尺度上来看 CCS 技术更像是阶段性的减排技术方案，长期发展潜力并不确定。

最后，CCS 技术发展与气候政策高度相关。影响 CCS 技术发展的最根本因素还是各国应对气候变化，减少温室气体排放的行动力度和决心。尽管巴黎气候协议确定了基于各国自主减排方案的共同行动目标，但是如何落实巴黎协议却还需要复杂的谈判过程。全球气候谈判的不确定性带来了各国减排政策的不确定性，在很大程度上影响了 CCS 技术的发展。从市场机制上看，不管是发达国家还是发展中国家，要推广 CCS 技术，对能源部门的排放征税或者赋予价格是一个必要条件，而碳价格水平的高低会直接影响 CCS 技术的经济性。

能源部门是 CCS 技术未来应用的主要部门。CCS 技术需要与能源技术结合使用才能达到减排的目的，属于低碳能源技术的范畴。我们知道，投资是促进低碳能源技术发展的重要先行活动。低碳能源技术投资作为微观层面上社会经济活动的重要组成部分，与宏观层面上国家的能源及应对气候变化战略紧密相关。在这类技术的经济性评价中，投资是否可行是衡量技术经济性的最重要因素。低碳能源技术投资的特点决定了其复杂性，其投资不仅包括能源投资本身所具备的资金量大、投资周期长、资金收益和风险难以衡量的特点，还有低碳能源技术所特有的技术路线选择不确定，技术发展不够成熟，对传统化石能源技术替代潜力难以预测，外在投资保障机制不完善的特点。这些特点使得 CCS 技术的经济性难以衡量，投资具有很高的决策难度。

合理有效的安排能源投资是我国应对气候变化问题的重要途径。作为温室气体排放大国，我国以煤为主的能源消费结构和能源消费的快速增长使得我们在温室气体减排上面临着前所未有的国际压力和内在需求。2009 年，我国正式宣布控制温室气体排放的行动目标，决定到 2020 年单位国内生产总值二氧化碳排放比 2005 年下降 40% ~45%，非化石能源占一次能源消费的比重达到 15% 左右。2014 年，我国在"国家自主贡献"中提出将于 2030 年左右使二氧化碳排放达到峰值并争取尽早实现，2030 年单位国内生产总值二氧化碳排放比 2005 年下降 60% ~65%。此外在《能源发展战略行动计划 2014 –2020》中提出，到 2020 年一次能源消费总量控制在 48 亿吨标煤左右，煤炭消费总量控制在 42 亿吨左右。在这些目标的约束下，一方面，为实现非化石能源占一次能源消费的比重目标，我国需要有大量的投资被投入到清洁能源和可再生能源方面，以减少对化石能源的依赖，进而控制温室气体排放；另一方面，我国需要继续投资化石能源技术，提高能源利用效率以保障国内能源供应以及支持经济发展。作为减少化石能源使用产生 CO_2 排放的唯一可行技术，CCS 可以被看做是我国在更大程度上减少温室气体排放的关键技术，其重要性将随着我国应对气候变化的决心逐渐增大而增加。但是我们也需要看到，尽管 CCS 技术十分重要，技术本身的不确定性使得其推广会面临一系列的经济和社会问题。所以我们需要审慎对待 CCS 技术的发展。

　　因为 CCS 技术的投资问题是一个高度复杂性、综合性、系统性和动态性的问题，与资源禀赋、技术水平、资金预算、气候环境战略、能源价格、能源市场等因素密切相关，并且这些因素多存在较大不确定性。我们认为，对 CCS 的投资和经济性评价不仅需要将这些不确定因素纳入考虑，还需要在投资中加入对投资灵活性和战略性价值的衡量。而现有的投资评价方法和资源配置方式难以考察相关不确定性因素对投资的影响，无法考虑这类能源技术投资中的灵活性价值及其包含的战略性要素。现有能源投资评价多采用常规的折现现金流（DCF）方法，如净现值（NPV）法则，这种方法无法针对未曾预期的不确定因素变化而更改或矫正后续的决策，投资多被动的按既定的现金流预期假设执行，此类评价方法下的投资为静态刚性策略，无法根据不确定因素的变化而调整投资策略。因而难以对 CCS 等低碳能源技术投资进行有效评估，造成决策低效甚至出现失误，最终影响国家宏观能源和应对气候变化战略的施行。

　　为了有效地评价气候政策不确定条件下 CCS 技术的投资价值，深入研究 CCS 技术投资与资源优化配置的问题，本书应用跨学科方法建立了投资评价与优化模型，以解决复杂条件下 CCS 技术投资与经济性评价的问题。基于这些方法与模型可以描述 CCS 技术投资面临的不确定性，也可以考虑投资中的灵活性和战略性；既可以从微观视角进行建模，也可以在一定程度上兼顾宏观分析。同时，模型构建之后，我们还通过数据和实际案例进行应用或模拟研究，然后在此基础上得到与 CCS 投资和经济性评价相关的政策启示。

　　我们从投资视角出发，对 CCS 技术的经济性进行了全面系统的研究。在研究内容上，我们从电厂 CCS 技术改造的投资评价出发，拓展到包含多个利益相关方的全产业链 CCS 合作的成本收益分析，进而研究带 CCS 技术的能源技术组合优化问题，最后评估 CCS 技术在我国中长期的减排潜力。在研究视角上，我们从政策分析入手，将 CCS 技术与项目层面的投资决策、企业层面的发电组合优化、以及国家层面的技术发展战略决策等问题结合，在不同维度和时间尺度上分析了 CCS 技术的经济性。在研究方法上，我们将现代金融理论与管理科学方法相结合，针对 CCS 发展所面临的不确定性，建立相应的数理模型进行分析和评价。本书第 1 章介绍了 CCS 技术与政策研究进展，讨论了 CCS 对我国减少温室气体排放的重要性；第 2 章建立了序贯投资决策的实物期权评价模型，研究了在不确定因素的条件下国内电力部门加装 CCS 技术的投资评价；第 3 章在考虑运营灵活性的基础上评价了已有火电机组进行 CCS 技术改造的经济性；第 4 章考虑了投资时间灵活性和管理决策柔性，考察了引入碳市场中的"底价"机制对 CCS 技术投资的影响；第 5 章从企业角度出发，研究了包含 CCS 技术的企业发电投资组合优化问题；第 6 章将研究扩展到 CCS 全产业链，分析了电厂和油田在 CCS 全产业链合作中的收益–风险分摊问题；第 7 章将 CCS 技术引入气候综合评估模型，考察了CCS 技术在我国的中长期减排贡献；第 8 章从融资角度出发，讨论了 CCS 的可行融资模式设计。

本书内容是作者团队在 CCS 投融资领域长期研究积累的成果。朱磊负责全书内容设计和统稿。第 1 章由朱磊、范英、张晓兵和莫建雷完成；第 2 章由朱磊、范英和莫建雷完成；第 3 章由朱磊、范英和彭盼完成；第 4 章由莫建雷、朱磊和范英完成；第 5 章由朱磊、亢娅丽和郭建新完成；第 6 章由朱磊、刘馨和李力完成；第 7 章由朱磊、段宏波和范英完成；第 8 章由王许、朱磊、李远和范英完成。我们团队的其他老师和同学在研究过程中都不同程度地参与了讨论，提出了很多宝贵的意见，在此一并致谢。

在长期的低碳能源技术投资评价与综合评估研究过程中，我们得到了来自科技部、国家自然科学基金委、国家发展和改革委员会、能源行业、环境部门和学术界的众多专家学者的帮助和指导，在此，我们对何建坤教授、陶澍院士、金红光院士、徐伟宣教授、蔡晨教授、彭斯震主任、张九天处长、张贤博士、王文涛博士、汪寿阳教授、张维教授、于景元教授、李善同教授、汪同三教授、李一军教授、高自友教授、黄海军教授、王惠文教授、韩立岩教授、杨烈勋教授、刘作仪教授、张希良教授、陈文颖教授、温宗国教授、田立新教授、孙梅教授、张中祥教授、高林教授、周鹏教授、苏斌研究员、梁希副教授、李高司长、蒋兆理司长、赵建华处长等领导和专家致以最诚挚的谢意和深深的敬意！

本书研究工作得到了国家自然科学基金面上项目（No. 71273253）、国家自然科学基金重点项目（No. 71133005）、重大国际（地区）合作与交流项目（No. 71210005）及青年项目（No. 71403263、No. 71203213）、国家科技支撑计划（2012BAC20B12）和中国科学院研究任务的支持，在此一并感谢！

限于我们的知识范围和学术水平，书中难免存在不足之处，恳请读者批评指正！

朱　磊

2015 年 12 月于北京

目　　录

Contents

|第1章| 碳捕获与封存技术及政策研究进展

　　虽然碳捕获与封存（carbon capture and storage，CCS）被公认是减少化石燃料燃烧导致温室气体排放的重要手段，但是 CCS 技术本身还存在很多不确定性。为了对 CCS 技术有一个较为直观的认识，本章分析了 CCS 不同环节的技术发展阶段和示范项目进展，讨论了其大规模应用的障碍，分析了 CCS 相关的国际法规，重点介绍了欧盟 CCS 政策。此外，本章结合国内能源消费依赖煤炭的实际，从应对气候变化和保障能源安全的角度，讨论了 CCS 技术对中国减缓温室气体排放的重要性以及与之相关的一系列问题。本章是接下来各章节建模分析的基础。

1.1　CCS 技术简介及发展现状

　　大量研究表明，CO_2 是全球气候变暖的主要驱动力，这一点已经在世界范围内达成共识（IPCC，2001，2007b）。尽管节约能源使用和推广利用可再生能源对于限制 CO_2 的排放起着至关重要的作用，但在可预见的未来时期内（2050 年之前），全世界的所有国家，尤其是煤炭资源丰富的新兴国家仍将依赖化石燃料作为主要能源，对于中国这样的以煤炭为主要能源的国家来说，这点尤为突出。可再生资源受到自身技术以及资源禀赋的限制［能量来源被动，资源分布较为分散，无法形成规模效应等（IEA，2008a）］，虽然近年来可再生能源的使用率快速增长并减少了大量的 CO_2 排放，但是仅仅依靠可再生能源是无法完全取代化石能源满足全球未来的能源需求（IEA，2007a，2008b）。鉴于化石能源在未来世界范围内的能源供给中仍将占据主要地位，为应对气候变化，减少温室气体排放，寻找一种能够有效捕获和存储由化石燃料燃烧所产生的 CO_2 的方法已成为人类所要面对的最重要挑战之一（IPCC，2001，2007b）。CCS 由捕获、运输和封存三个部分组成（图 1-1），是指将 CO_2 从工业或相关能源产业的排放源头分离出来，运输并封存在地质构造中，并长期与大气隔绝的一个过程（IPCC，2005，2007b）。关于这项技术的研究可以追溯至1975年，当时美国将CO_2注入地下以提高石油开采率，但将其作为一项减排技术，则开始于1989年的麻省理工学院（Gibbins and Chalmers，2006）。该技术可以将排放源中90%的CO_2安全捕获并埋存于地下，被认为是大规模可持续使用化石燃料的关键（Socolow and Pacala，2004；IPCC，2005，2007；EU，2007；IEA，2008b）。CCS被认为是在近中期（2050年前）控制温室气体排放，应对气候变化的有效技术选择（GCCS I，2009；IEA，2009）。

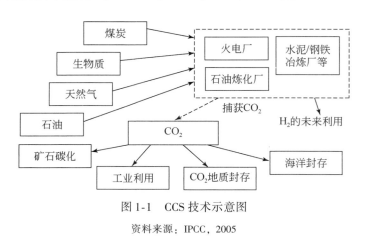

图1-1　CCS技术示意图

资料来源：IPCC，2005

注：捕获方面：可以进行碳捕获的部门包括电力、工业以及燃料转化部门等，其中以火电部门为主；运输方面：对于成功捕获并压缩的CO_2采用管道或者其他运输工具（如轮船）进行输送；封存方面：捕获CO_2可以被封存在深层、在岸或沿海地质构造中

目前来看，CCS技术发展还未达到商业化推广的阶段。从发明专利上看，CCS技术发展落后于其他减排技术。2005年有25～60项CCS技术申请发明专利，而可再生发明专利为平均每年2000项（图1-2）。CCS拥有最大的减排潜力却拥有最少专利数量，一方面可能因为CCS作为链式技术，部分过程的技术专利（CO_2隔离、运输和封存气体的发明专利）未被包含进国际专利分类表（IPC），专利数可能被低估；另一方面也确实反映了CCS技术本身发展落后于其他减排技术。

捕获环节上，随着一批示范工程的建设和投入使用，最主要的三种捕获系统（燃烧后、燃烧前以及氧燃烧捕获）目前已在国内外投入运营，并且目前应用最广泛的是燃烧后捕获技术（图1-3）。而其他捕获技术如无机膜材料分离CO_2（Leonardo ENERGY，2009）等正在研究中。目前CO_2的捕获技术主要有以下几

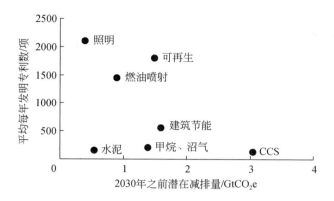

图 1-2 1998~2005 每年平均专利发明数和 2030 年之前全球温室气体减排机会

资料来源：Glachant et al.，2008

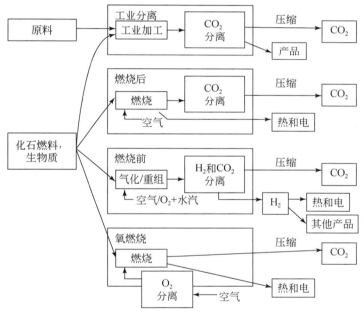

图 1-3 捕获系统示意图

资料来源：IPCC，2005

种：化学/物理吸收剂、吸附、薄膜和低温冷凝技术。最常用的化学吸收剂是醇胺，主要适用于从电厂或大型炼化厂的烟道气中捕获 CO_2。这种方法可以回收 98% 的 CO_2，纯度可达 99% 以上。物理吸收剂的吸收强度一般低于化石吸收剂，但由于不需经过加热来提取 CO_2，因此比化学吸收剂节省能耗，目前多应用于制氨工业。吸附技术主要适用于表面积较大的固体物质，如沸石、活性炭等，其操作程序依次为吸附和再生。依照再生的方式可以分为变压吸附（pressure swing adsorption，PSA）、变温吸附（temperature swing adsorption，TSA）、变电吸附（electric swing adsorption，ESA）等。目前 PSA 和 TSA 已经在天然气工业中成功实现了商业应用，但是再生过程的能耗仍偏高，目前并未应用于发电厂的 CO_2 捕获。薄膜使得某一种气体能较快通过从而达到分离的目的，薄膜种类主要有多孔无机薄膜、钯薄膜及高分子薄膜等。通常薄膜的分离效率并不高，而设置多层薄膜及气体回流也提高了工艺的复杂性，能耗及成本也随之增加。低温冷凝适用于浓度较高（90%）的 CO_2 纯化，因为捕获得到的 CO_2 已成为固态或液态，运输较方便。但其缺点是能耗极大，因此也没有得到实际应用（张军等，2008）。

尽管已有捕获技术被投入运营，但这些技术均需要较高的投资和运营成本。CCS 的一个应用壁垒是如何将 CO_2 从其他气体中经济地分离出来。捕获技术的知识产权多是商业所有，捕获技术的选择相对较少，因此其相关知识产权也被少数参与者所掌握。此外，一些研究机构也在研究一些新的捕获技术，如荷兰的能源研究中心（ECN）、代尔夫特科技大学以及斯坦福大学正在合作试验将无机膜材料用于 CO_2 分离（Leonardo ENERGY，2009）。美国能源部（DOE）正在研究将 CO_2 捕获与减少标准污染物排放结合的新概念（DOE，2009）。碳捕获是一个资本密集阶段，捕获约占 CCS 系统总成本的 75%（DOE，2009）。我们在后面的捕获技术经济性评价的分析中会根据已有的工程数据和文献资料，对 CCS 的捕获成本进行分析，并讨论在目前的政策条件下，可接受的捕获成本水平。

运输环节上，在输送距离小于 1000km 时，管道是大量输送 CO_2 的首选途径。轮船对于每年在几百万吨以下的 CO_2 输送或是更远距离的海外运输来说更有经济性。CO_2 的管道输送技术在某些地区已经成熟并市场化（例如，在美国，每年有超过 2500km 的管道运输超过 40Mt CO_2）。利用船舶运输 CO_2 与运输液化石油气相似，在特定条件下是经济可行的，但是由于需求有限，目前还只是小规模进行。CO_2 也能够通过铁路和公路罐车运输，但是就大规模 CO_2 运输而言，不大可能成为具有吸引力的选择方案（IPCC，2005）。

这里需要引起注意的是，尽管在美国当地已有超过 30 年的 CO_2 管道运输经验，但都是传送来自地底的纯度较高的 CO_2 用来进行封存与强化采油。对于 CCS 项目而言，其 CO_2 是来自一些主要的排放源，例如化石燃料电厂，因此其所涉及的 CO_2 管道运输将包括长距离的陆地和近海管道，并且使用的捕获技术不同，这些化石燃料电厂产生的 CO_2 的纯度也不同，所以之前设计的管道不足以满足 CCS 项目对 CO_2 运输的要求（Seevam et al.，2008）。CCS 技术捕获的 CO_2 中杂质的存在将会极大地影响运输管道设计、压缩、再加压距离、管道运输能力以及管道控制结构等，尤其是含杂质的 CO_2 所引起运输管道腐蚀进而导致的管道运输安全问题。这些将直接影响未来陆地和近海 CO_2 运输管道的发展。目前对捕获的含杂质的 CO_2 的管道设计以及运输安全保障技术仍缺乏研究。

从封存环节看，在深层、在岸或沿海地质构造封存 CO_2 的技术是类似的，这些技术已经由石油和天然气工业开发出来，并且已经证明在特定条件下，在石油和天然气田以及盐沼池构造中进行封存是经济可行的，但是就封存于无法开采的煤层中而言，这些技术的可行性尚未证实。CO_2 封存与强化采油（EOR）或者潜在地提高煤层气采收率（ECBM）之间的联合能够产生来自于石油或天然气采收的额外收入。根据现有的钻井技术、注入技术、封存储存性能的计算机模拟以及监测方法进行进一步开发以供地质封存项目的设计和实施使用。海洋封存有两种潜在的实施途径：一种是经固定管道或移动船只将 CO_2 注入并溶解到水体中（以 1000m 以下最为典型）；另一种则是经由固定的管道或者安装在深度 3000m 以下的海床上的沿海平台将其沉淀，此处的 CO_2 比水更为密集，预计将形成一个"湖"，从而延缓 CO_2 分解在周围环境中的过程。海洋封存及其生态影响尚处于研究阶段（IPCC，2005）。国内部分研究机构已经就封存环节开展研究，通过建立 GIS（地理信息系统）来确定国内适合封存的地点以及 CCS 技术中的"源汇匹配"[①] 问题。此外，一些其他的 CO_2 利用方式[②]，本章就不多做讨论。

CO_2 封存包括注入前、注入期间和注入期后（封存期）三个阶段。封存地的选择需要考虑以下三方面因素：①自然属性（包括封存地所处位置、地理和地质结构、预计封存容量等）；②相关运营参数（包括注入 CO_2 的纯度、注入井的注入

---

① 所谓"源汇匹配"，是指在给定的系统边界内，按一定方法在保证 CO_2 封存量最大的前提下，为 CO_2 的排放源（即"源"）寻找合适的 CO_2 封存地（即"汇"），以保证实现经济可行的减排过程。

② CO_2 利用方式包括：与金属氧化物发生反应，金属氧化物富含于硅酸盐矿石中，并可从废弃物流中少量获取，通过反应产生稳定的碳酸盐。这项技术现正处于研究阶段，但在利用废弃物流中的某些应用已经处于示范阶段。自然反应是非常缓慢的，因而不得不通过矿石的预处理加速反应，这种处理在现阶段是能源密集型的。工业利用捕获的 CO_2 是可能的，将其用作气体、液体或作为生产含碳产品的化学过程中的原料，但是不能期待这种利用为 CO_2 减排做出显著的贡献。CO_2 的工业利用潜力小，并且 CO_2 通常只能被保留较短的一段时期（通常是几个月到几年）。用捕获的 CO_2 代替化石碳氢化合物作为原料加工的流程并不总是能降低生命周期中的净排量。

压力、流体组成及酸性、对相关建设材料抗压抗温的设计要求等）；③环境及人为因素（包括封存地的历史用途，海洋环境特征，对附近农田和水井的影响，以及对地下水、油气资源开采的影响等）。因此选择封存地需要大量的地质和调查数据，这方面工作对相关数据的要求十分高。大量的 CO_2 会被注入并封存在地下长达数百年时间，这对 CO_2 封存地的安全性和可靠性提出了十分高的要求。与 CO_2 长期封存相关的潜在风险包括：①对地下水的污染；②对当地生态的破坏；③CO_2 的泄露与转移对公众健康和环境以至气候变化的影响。对这些潜在风险目前还缺乏一个较为综合的评价体系，以推进实施对 CO_2 封存地的监测与管理（Coninck et al.，2009）。

从捕获环节看，电力部门将是 CCS 未来大规模应用的主要部门，2009 年时，世界范围内规划和在建的捕获项目超过 40 个（CO_2CRC，2009），主要集中在欧洲、北美以及澳大利亚，其中大部分属于电力项目。项目多采用燃烧前和燃烧后捕获技术，也有部分技术采用富氧燃烧以及从天然气中分离 CO_2，这也反映了不同捕获技术的发展水平。从封存环节看，2009 年，世界范围内规划和在建的封存项目接近 30 个（CO_2CRC，2009），这些项目主要集中在北美，全部为陆地封存项目，多数封存项目将 CO_2 注入地下用来提高油气采收率。项目参与方以大型能源企业为主，如 BP、TOTAL、Shell 等。但是在 2009 年之后，CCS 示范项目在世界范围内的进展受到了较大的挫折。受经济增速放缓的影响，欧洲境内多数 CCS 示范项目被延期或终止，北美地区的示范项目也被大大减少，目前还在运作的，捕集规模较大的项目包括加拿大萨斯克电力公司（Sask Power）的边界大坝项目（Boundary Dam），以及美国密西西比州肯珀县（Noxubee County，Mississippi）的带 CO_2 捕获装置的新建燃煤电厂项目等。但是目前世界范围内还没有大规模一体化的 CCS 示范项目（这里的大规模一体化是指，已投入运营的，对 CO_2 捕获、运输和封存三个环节的技术进行一体化设计并集成，年捕获和封存量在 100 万 t CO_2 以上的项目）。

总的来看，CCS 各组成部分具有不同的发展阶段（表 1-1），其大规模应用的主要障碍包括：①捕获环节：捕获技术的成本较高，技术缺乏经济性使得 CCS 技术作为减排工具在成本上无法与可再生能源相竞争，并且因为捕获技术选择较少，其相关核心技术被某些大企业所掌握。②运输环节：因为 CCS 技术捕获的 CO_2 含有杂质，目前还无法了解含杂质的 CO_2 对长距离陆上和近海 CO_2 管道运输的影响。

③封存环节：CO_2 封存会经历上百年时间，目前对于 CO_2 封存的风险缺乏研究，包括封存地选择的技术参数，以及相关的影响评估等。此外对于 CO_2 封存还需要有一套具有针对性的法律法规框架以明确其中政府与企业的权责划分问题。④CCS 系统整体：作为一个由捕获、运输和封存三个环节组成的系统工程，各部分发展阶段的不平衡使得 CCS 技术缺乏全面一体化的经验。这些都是制约 CCS 技术大规模应用的主要障碍。

表 1-1　CCS 系统构成部分的技术发展现状

CCS 组成部分	CCS 技术	研究阶段	示范阶段	在一定条件下经济可行	成熟化市场	在中国所处发展阶段*
捕获	燃烧后			×		2
	燃烧前			×		1
	氧燃料燃烧		×			1
	工业分离（天然气加工、氨水生产）				×	3
运输	管道				×	2
	船运			×		1
地质封存	强化采油（EOR）				×	3
	天然气或石油层			×		2
	盐沼池构造			×		1
	提高煤层气采收率（ECBM）		×			2
海洋封存	直接注入（溶解型）	×				1
	直接注入（湖泊型）	×				1
碳酸盐矿石	天然硅酸盐矿石	×				1
	废弃物料		×			1
CO_2 的工业利用					×	3

*这里所处阶段均为本研究根据所掌握的信息估计的，国内有些技术的发展阶段界定并不准确

1.2　CCS 相关国际法律法规与政策概览

CCS 技术相关的法律问题主要集中在 CO_2 的封存和运输两方面，最主要是封存，它涉及一些国际公约和部分国家内部法律法规（表 1-2）。欧盟作为全球应对气候变化的推动者，CCS 相关政策也较为丰富，因此本节的政策介绍主要以欧盟及其成员国的相关政策为主。

表 1-2   与 CCS 技术相关的国际公约

序号	颁布时间	名称	关于 CCS 的部分	中国参与情况
1	1992 年	《联合国气候变化框架公约》	公约提到：促进可持续地管理，并促进和合作酌情维护和加强《蒙特利尔协定书》未予管制的所有温室气体的汇和库，因此附件一国家有义务"提高温室气体的汇和库"（第 4.1.d 条）	1993 年 1 月 5 日中国批准了该公约
2	1997 年	《京都议定书》	议定书中提到"研究、促进、开发和增加使用新能源和可再生能源、CO_2 收集技术和有益于环境的先进的创新技术"（第 2.1.a 条） 《马拉喀什协定》也中明确提出，"鼓励缔约方合作开发、推广和转让排放温室气体较少的先进化石燃料技术和/或相关的能捕获和存储温室气体的技术"（第 5/CP.7 号决定，第 26 条） 《马拉喀什协定》中决定草案 CMP.1（与《京都议定书》第三条第 14 款有关的事项）中，第 7 条："请 IPCC 在其他有关组织合作之下，利用当前信息编写一份关于碳捕获与封存技术的技术文件" 《马拉喀什协定》中决定草案 CMP.1，第 8 条优先重视行动中，"就先进的低温室气体排放的化石燃料技术和/或有关的捕获和存储温室气体技术的开发、推广和转让展开合作，鼓励使用这些技术；并促进最不发达国家和其他非附件一缔约方参与这项努力"	2002 年 8 月 30 日，中国核准该公约
3	1982 年	《联合国海洋法公约》	该公约适用于规范在底土之下的 CO_2 封存活动 在注意并保证其他国家利益和相关国际法的前提下，所有国家都可以在公海埋存 CO_2	中国于 1996 年 5 月批准该公约
4	1972 年	《伦敦公约》	公约修订案为确立 CO_2 在大陆架区域的海洋封存合法性 修正案允许收集工业生产中产生的 CO_2，并将其封存在海底地质结构中（海底大陆架区域） 修正案将"CO_2 捕获过程获得的用于封存的 CO_2 流"列为允许向海洋倾倒的物质之一，并对倾倒条件作了限制	中国于 1985 年加入该公约

资料来源：作者收集整理

1.2.1   国际法律法规对 CCS 持审慎态度

与 CCS 技术相关的国际法可分为两方面：一是对 CCS 作为减排技术的界定，如《联合国气候变化框架公约》、《京都议定书》等；二是对于捕获的 CO_2 在海洋封存的规定，如《联合国海洋法公约》、《防止倾倒废物和其他物质污染海洋的公约》等。总的来说，国际上对 CCS 技术发展持审慎态度，一方面，通过了相关法规推动 CCS 技术的研发，另一方面，因为该技术本身不确定性较大，对技术本身是否有促进化石能源使用的疑虑始终存在。

1）气候变化相关法律对 CCS 技术已有较为明确的定位

2010 年之前，《联合国气候变化框架公约》和《京都议定书》将 CCS 技术视为一项减排选择，但都未明确其是否包括在减排机制之中（尽管当时挪威的 Sleipner 项目①已经进行）。此外，《京都议定书》采用的各种减排机制（清洁发展机制、联合履约和排放交易等），都未将 CCS 技术纳入其中。2011 年，经过多年的讨论，在坎昆会议上，通过了《将地质形式的 CCS 作为 CDM 项目活动》的协议。此举表明《联合国气候变化框架公约》认为 CCS 和可再生能源一样，都将对减少温室气体排放起到重要作用。此外，《联合国气候变化框架公约》还要求附属科学技术咨询机构（SBSTA）在下次会议召开时，为 CCS 纳入 CDM 阐明其方式和程序。

2）国际公约对 CO_2 海洋封存缺乏详细规定

《联合国海洋法公约》是一个综合性、框架性的公约，对沿海国家通过管道向专属经济区和大陆架封存 CO_2 的权利并没有给出明确规定（Coninck et al.，2009）。公海区域，在保证其他国家利益和遵守相关国际法的前提下，所有国家都可以在公海埋存 CO_2（Churchill et al.，1996）。《伦敦公约》的目的是控制和管理海洋倾废，实质上就是禁止向海洋倾倒有毒有害废弃物。2006年，《伦敦公约》缔约国大会通过议案确立了 CO_2 在大陆架区域的海底地质结构中封存的合法性。但该修正案没有提及是否可以将 CO_2 注入到海洋中（IEAGHG，2006）。

1.2.2 欧盟积极推动 CCS 政策发展

欧盟是 CCS 技术研发的先驱，同时也积极推进 CCS 的相关立法和实施的制度化与规范化（表1-3）。欧盟在 CCS 政策方面较为激进，一方面是其应对全球气候变化以及化石燃料可持续利用的需要，另一方面则是欧盟希望保持技术竞争力，在未来通过技术输出获益。

---

① Sleipner 项目开始于 1996 年，是世界上首个将 CO_2 封存在地下咸水深层的商业实例，由挪威国家石油公司运营，该项目每年可封存 100 万 t CO_2。

表 1-3　欧盟 CCS 相关政策

政策分类	相关法规与条例	对 CCS 技术的影响
工业政策和法规	气候行动与可再生能源一揽子政策	欧洲委员会执行委员会初步影响估计表明，700 万 t CO_2 可以在 2020 年前封存，2030 年前可封存 1.6 亿 t。假如 2020 年前温室气体排放量减少 20%，且 CCS 得到个人、国家及社团的支持并证明为一种环境安全技术，2030 年避免排放的 CO_2 将可达到欧盟减排要求的 15%
		为降低工艺费用并收集更多科学知识，欧盟在同意政策框架内进行 CCS 示范项目，与 CCS 相关的问题包括环境安全的 CO_2 封存应用的法律框架，对进一步研究的激励，以及公共意识措施等
	CCS 指令草案	有立法框架或封存位置的同时，激励技术进一步开发并支持示范工厂，以及由成员国建立确保运输的法律框架等工作，从而成功地推广 CCS 技术，为 CCS 的商业化提供进一步的法律法规支持
研究政策	欧洲能源技术战略规划（SET-Plan）	提倡制定一项专用政策以确保可持续的、安全且有竞争力的能源供给。加快具有成本效应的低碳技术的开发和应用。通过实施这样的政策，可以达到"一个拥有欣欣向荣和可持续经济的欧洲，作为繁荣的发动机和经济增长与就业的主要贡献者，在多样化的清洁、有效和低碳的能源技术组合中占有世界领先地位"（EC，2007a）
	欧盟的研究框架纲要 7（FP7）	资助 CCS 相关的研究项目
		以技术为导向，集中开发有效捕获技术的 ENCAP
		国际合作，碳封存领导人论坛（CSLF）和 CO_2 捕获项目，中欧碳捕获和封存合作项目（COACH），碳捕获和存储活动支持（STRACO_2）
		欧洲卓越网络二氧化碳地理网
		零排放平台（ZEP），使欧洲化石燃料电厂在 2020 年之前达到 CO_2 零排放
	成员国相关研究资助	英国：煤炭利用近零排放（NZEC）项目
竞争政策	CCS 指令草案	避免 CCS 技术被某些大型欧洲企业所垄断。在指令中规定 CO_2 运输网和封存地点的进入权，成员国应当采取措施确保潜在用户能够使用 CO_2 运输网和封存地点，以对捕获的 CO_2 进行地质封存（EU，2008）
	欧洲能源市场的自由化（欧盟电力市场竞争开放）	电力部门市场化将对 CCS 技术产生的影响还有待分析。由于电力生产仍然是欧洲排放物的主要来源之一，因而电力部门会成为应用 CCS 最为可能的区域，所以这个影响会相当大
出口市场政策	欧洲矿物燃料电厂零排放技术平台（ZEP）	相关文件指出，"既然未来大部分 CO_2 排放物将来自如印度和中国这样的国家……推动强有力的国际合作至关重要。这不仅有助于这些国家应对气候变化问题，而且还会与欧洲工业一起为 CCS 技术开发作出重大贡献"（ZEP，2009）

续表

政策分类	相关法规与条例	对 CCS 技术的影响
出口市场政策	支持其工业参与者进入外国市场	欧盟试图支持其工业参与者进入外国市场，大部分是以大型欧洲相关企业通过开展国际研究合作的方式实现。例如欧盟的中欧碳捕获和封存合作项目（COACH）中的 Alstom、BP 和 SINTEF。在成员国层面，Doosan Babcock，Shell 和 BP 均为英国煤炭利用近零排放项目的参与者
欧盟政策影响评估与 CCS	对可持续发展战略的回顾——一个行动平台（EC，2005b）	执委会强调"需要在最高的政治层面强力推动、唤起公众意识、加速各级决策和行动、鼓励更多思考并加快新观念的吸收"。对 CCS 来说，因为煤炭和其他化石燃料的使用对环境、卫生和社会既有积极也有消极的影响。当引入新能源政策和 CCS 这样的新技术时，重要的是上述共同利益以及权衡可以被妥当地评估并理解
	欧洲影响评估体系	与 CCS 指令草案相伴的影响评估。影响评估委员会 2007 年 10 月对 CCS 技术给出了一些评价。其一般建议强调，伴随在预测中的不确定性必须阐述清晰。与可再生能源来源政策的相互作用、对燃料消耗结构的影响以及欧盟以外对 CCS 技术的需求都需要阐明。此外，影响的不确定性必须有所描述，还有应用、技术性能、成本和碳价格的相关阐述（EU IA board，2007）
	战略环境评估指令（EU，2001）	决策过程早期进行的影响评估是战略层面的有用工具。这是为政策、计划和纲要所设计的。CCS 使用的战略环境评估还不确定
	环境影响评估（EIA）	针对特定项目的评估，开始评价一些 CCS 示范工程，环境影响评估指令 85/337/EEC（EU，1985）已进行修订，从而要求 CO_2 管道输送以及 CO_2 总封存量超过每年 1.5Mt 的设施进行环境影响评估

资料来源：作者收集整理

1）颁布相关指令为 CCS 发展提供法律框架

2009 年，欧洲委员会正式发布了 CO_2 封存指令（Directive 2009/31/EC）。该指令为 CO_2 的地质封存提供了法律框架。指令包括以下几个方面：①封存地选址与勘探许可；②封存许可；③封存地运营、关闭以及关闭后的责任；④第三方使用权；⑤一般规定及对之前指令的修正案等。并成立专门的技术委员会，对 CCS 的具体实施进行指导和协助。指令规定，发电厂的选址要利于 CO_2 的捕获，到 2020 年所有新建燃煤电厂将配备 CCS 设施；2025 年这些电厂 CO_2 排放量的 90% 要进行捕获和封存。此外，在《综合污染预防与控制指令》中规定，对于采用 CCS 技术捕获 CO_2 的工厂，其能效的下降并不会违反该指令对于能效的规定。所以该指令中的环境许可证制度基本上可以适用于 CCS 项目（Anderson et al.，2007）。

欧盟的一些其他指令也都涉及 CO_2 捕获与封存，如 Directive 85/337/EC 对 CCS 的设备和装置提出了要求；Directive 2000/60/EC 修订条例提出，永久不适宜其他用途的地区可以用来进行 CO_2 封存；在 Directive 2001/80/EC（限制大型火电厂污染物空气排放）中规定，为确保所有 300MW 及以上装机容量的火电站符合指令方针，这些电站要有足够的空间来安装捕获和压缩 CO_2 的设备，同时要具有对 CCS 及其相关的技术改造空间；在 Directive 2004/35/EC 关于环境保护的条款中也加入了 CO_2 封存地点的相关规定。

2）修订欧盟排放交易体系（EU-ETS），尝试将 CCS 纳入

欧盟认为 EU-ETS 将成为 CCS 技术发展的一项主要鼓励机制。在 2012 年远景计划中，欧盟对 EU-ETS 机制的修改提出了一些建议（EC，2008g）。与 CCS 技术相关的三项最为重要的修正案是：解释 CCS 在该机制中的角色，有关拍卖和免费配额的规定，以及通过吸引新进入者来资助 CCS 活动。修正案强调，除某些高能效的热电公司（其承担区域供暖任务）以及面临重大碳泄漏风险的工业企业外，任何电力企业（包括附带 CCS 设施的电厂）均不得获得免费排放配额。过渡性的基准拨款规定可以适用于应用 CCS 技术的企业。因此采用 CCS 技术可以促成免费配额对某些特定行业的发放。此外，部分修正案未能达到主要排放行业（电力、钢铁行业等）采用 CCS 技术的预期要求，例如，为鼓励 CCS 发展，EU-ETS 的修正案特别提出，拍卖收益中的 20% 应该用于资助一系列与气候相关的举措，包括 CCS 技术。但是这条并未得到欧洲议会批准。目前 EU-ETS 已经进入第三阶段，欧盟内部关于 CCS 是否纳入 EU-ETS 的讨论仍然在继续。

3）采用多种补助方式推进 CCS 发展

欧盟 CCS 补助政策工具大致可以分为：降低 CCS 设施和运营成本的政策（欧共体国家补助指南），以及为参与 CCS 提供附加价值的政策（环境税减免、单项投资补助）。前者在技术成熟的初期阶段更为有效，后者在技术实现商用之后更为合适，并且前者可以对后者起到补充作用。新的欧共体国家补助①指南（EC，2008b）明确指出对 CCS 示范工厂的补助将持续到 2015 年，并且欧洲委员会明确表示 CCS

---

① 欧共体国家补助控制是为了确保能够实现环保活动的有形增长（例如，通过建立激励机制，国家补助可以充当实施"污染者承担原则"的一项市场工具），并获得超出消极影响（贸易和竞争畸形发展）的积极效果。

可以获得国家补助。同时欧洲委员会也在评价对 CCS 补助是否会减缓可再生能源和提高能效方面的投资。尽管欧盟一直强调对 CCS 示范工厂的补助，2009 年之后，由于金融危机的影响，成员国经济增速陷入低迷，除英国等少数国家外，欧盟境内多数 CCS 示范项目基本陷入停滞。

4）调整工业政策以包含 CCS 技术

欧盟工业政策向新型低碳技术调整有两个具体任务：一是保持欧盟作为高科技研发与生产中心的地位，以先行优势主导欧洲市场和出口市场；二是在满足减排要求下改善欧洲的能源安全（EU，2008）。欧洲议会认为：如果欧盟维持在 CCS 技术研发领域的领先地位，并且可以快速商业化，欧盟将从对中国和印度等发展中国家的技术和贸易输出中受益（EU，2008）。同时欧洲委员会也在避免 CCS 成为垄断技术，确保该技术可通过市场价格获取。欧洲旗舰项目①被用来证明欧洲 CCS 技术在全球市场的可用性，金融危机之后基本陷入停滞。尽管欧盟在境内推广 CCS 技术遇到了阻力，在欧盟境外，其通过项目合作的方式与中国等发展中国家开展了广泛的合作，力图在这些国家先行推广 CCS 技术。

1.2.3 部分欧盟机构以及成员国的政策

对 CCS 技术的政策开发和资助感兴趣的欧盟机构包括：欧洲委员会、欧洲议会、欧洲理事会以及欧洲投资银行等，这些机构致力于将 CCS 列入优先政策领域以促进其发展。而欧盟成员国内部有关 CCS 激励及资助的政策仍较为缺乏。

1）欧洲委员会视 CCS 为一项重要的减排工具

2006 年，欧洲委员会发布《欧洲可持续、竞争和安全能源策略》绿皮书（EC，2006a），将 CCS 确定为在解决来自能源安全和气候变化的根本挑战方面的关键三大政策优先项目之一（另外两个优先项目分别是提高能效和可再生能源）。在该绿皮书之后又发布了《欧洲委员会通讯文件：化石燃料可持续发电——到 2020 年实现近零排放》（EC，2006c），该通讯文件认可了 CCS 是重要的减排工具，强调了"零排放化石燃料发电厂技术平台（ZEP）"的重要性，并宣布欧盟应在未来

---

① 这里指 CCS 大规模示范项目，该计划由"零排放化石燃料发电厂技术平台（ZEP）"负责具体实现 CCS 技术价值链的完整实施，这是在全球针对这一问题开展的最广泛研究。

10~15 年内实现可持续煤炭技术的商业应用，其中特别包括在欧盟和成员国中对 CCS 的研究、开发和示范，及其潜在合作空间的充分利用。2007 年，欧洲委员会发布通讯文件：《面向一个低碳未来》（EC，2007a），强调 CCS 将是未来 10 年内实现能源政策一揽子计划的 2020 年目标的一项必要工具。2008 年，欧洲委员会发布了一项综合的能源和气候变化政策一揽子计划，其中包括《2020 年前两个 20：欧洲气候变化机遇》（EC，2008e）和《支持化石燃料可持续发电的及早示范》（EC，2008f）这两份通讯文件。这两份文件建议将 EU-ETS 拍卖收益中的 20% 用于低碳活动，比如 CCS 技术研发示范。文件清晰阐述了工业和投资人在 CCS 中的角色，重申欧洲法规需要提供正确的框架，使得 CCS 能够在内部市场中运作，让 EU-ETS 受益于 CCS 所带来的好处。

2）欧洲理事会整体态度仍不够明确

欧洲理事会的态度取决于成员国的意见，由于成员国的态度各不相同，故整体态度不够明确。但理事会支持"欧洲旗舰计划"，以及在 2020 年之前实现 CCS 商业化的决策（EU，2007）。2007 年春季理事会会议的总结也强调了 CCS 在与美国、中国以及其他新兴国家的双边能源对话中的重要性。此外某些代表团认为 CCS 指令只适用于示范阶段，CCS 不仅在发电企业应用，还涉及 CO_2 密集型行业（EU，2008）。

3）欧洲议会积极推动 CCS 的发展

欧洲议会曾通过了一项积极的 CCS 议程，并且环境、公共卫生和食品安全委员会在一份有关 CCS 指令的报告草案中提出一系列的修订建议，以减少法律风险并增加监管的透明度。欧洲议会建议在 2025 年前所有的电厂捕获 90% 的 CO_2 并封存（EU，2008），其认为 CCS 技术是实现必要减排水平目标的重要保证，该技术也是实现煤炭可持续利用的优先项目。

4）欧洲投资银行有意对 CCS 提供支持

欧洲投资银行（EIB）将 CCS 纳入其环境可持续发展和气候变化议题之内。虽然尚未对 CCS 进行资助或专门贷款，但欧洲投资银行有意为 CCS 示范工厂的发展提供支持（Knowles，2008）。欧洲投资银行在中国启动了"中国气候变化框架"计划，其中包括 CCS 技术。CCS 项目在该计划下的潜在障碍是：形成核定减排量（CER）的可能性。

5）欧盟不同成员国对 CCS 的扶持政策较少

欧盟成员国限制 CCS 的政策较多，但没有成员国反对该技术，部分国家反对欧盟所建议的资助方案，大部分成员国反对将 EU-ETS 拍卖收益用于指定用途。波兰认为 CCS 尚未得到工业应用检验，将 CCS 包括进 EU-ETS 将给依赖煤炭的国家造成严重价格影响。欧盟在实施全面的 CCS 政策框架过程中仍然面临意见无法一致的障碍。瑞典根据所封存或隔离的气体量提供相应碳税抵减。英国在 CCS 上展开技术竞赛以扶持该技术的发展（表 1-4）。

表 1-4　成员国和欧盟的具体 CCS 鼓励政策实例

国家	政策	范围	立法进展
德国	补贴[a]	通过"降低 CO_2 技术计划"（COORETEC）扶持 CCS 技术的研发（为行业提供 50% 的扶持）	实施中
荷兰	补贴[c]	CO_2 地下封存技术的研发	实施中
瑞典	补助[b]	根据所封存的 CO_2 容量提供碳税减免优惠	实施中
英国	补贴/技术竞赛[c]	扶持单项二次燃烧 CCS 运作（≥300MW）	实施中
	补贴[a]	在氢燃料电池和低碳技术示范项目中设立 CCS 的专项扶持资金	实施中
	补贴[c]	设立环境改善基金推动低碳技术的研究、开发、示范和应用	立法提案
欧盟	排放交易（EU-ETS）	可能在 2008 年之后决定加入 CCS	立法提案
	补贴	EU-ETS 拍卖收益将专门用于气候投资	立法提案

a 创新挪威和 Gassnova，2008 年；国际 CCS 技术调查（第 3 期），参见：http：//www. innovasjonnorge. no

b 瑞典能源法案（1994：1776，第 9 章）

c http：//www2. oecd. org/ecoinst/queries/index. htm

1.2.4　欧盟 CCS 政策存在的问题

作为 CCS 政策相对丰富的区域，欧盟在政策方面也不可避免地存在问题，毕竟 CCS 没有投入商业运营，在很多环节不够成熟，所以政策无法一步到位。

1）封存方面缺乏风险管理机制

CO_2 封存指令规定，如果在 CO_2 封存期间发生泄漏，则企业封存许可证将被收回，但并没有指导企业在发生泄漏时应如何采取措施。此外，缺乏可行的方法评估泄露发生时企业应承担的环境和气候破坏责任，这可能会增加行业风险。作

为 CO_2 捕获和运输存在的基础，封存风险增加会加大整个 CCS 的不确定性，封存风险溢出后将导致碳捕获和运输的成本增加。

2）政府不应该成为 CCS 技术研发的决策者

研发预算无法支持每一项 CCS 技术（无论欧盟、美国还是日本，都无法对每一项低碳技术进行研究）。许多 CCS 技术具有同样的潜力，除了那些接近商业化的技术（如燃烧前捕获等），还有如 ENCAP 对化学链技术的研究等。而政府不应该成为选择何种 CCS 进行研发的决策者（Watson，2008）。欧盟忽略了为达到大气 CO_2 的真实低浓度所要求的技术协同研究，包括：①从空气中捕获 CO_2[①]；②碳封存生物能源（BECS）。基于日益增长的煤炭消费现状，对 CCS 的研究及政治讨论自然优先考虑煤炭等化石燃料的可持续利用。但如果考虑其对气候变化的威胁，持续使用化石燃料或许是不明智的（Grönkvist et al.，2008）。

3）CCS 政策影响评估存在缺陷

影响评估缺少对负面外部效应的权衡，例如环境污染气体中只包括 CO_2、SO_x 和 NO_x。不同评价结果差异很大（EC，2007c；Odeh and Cockerill，2008；Viebahn et al.，2007）。并且政策评价中很少对化石燃料价格进行敏感性分析（Capros et al.，2007；EC，2008b）。

在对 CCS 指令的影响评估中，评估委员会重点分析了未来全球市场对 CCS 的需求，尤其是中国和印度。但是，一方面关于温室气体减排的国际协定还未确定，全球需求无法估算。另一方面中国和印度都面临一些特殊的 CCS 应用障碍。Shackley 和 Verma（2008）的研究显示，印度将等到 CCS 在美国和欧洲成功运营后才会考虑引进该技术。因此未来 10～15 年，CCS 技术在印度并没有太多商业化前景。

1.3　CCS 的示范项目

世界范围内规划和在建的捕获项目超过 40 个（CO_2CRC，2009），主要集中在欧洲、北美和澳大利亚。这些项目多采用燃烧前和燃烧后捕获技术，也有部分技

---

① 大气 CO_2 捕获的研究最初在美国开展。这项技术不需要与能源基础设施耦合，并从理论上提供了将 CO_2 浓度降到工业化前水平的可能（Keith et al.，2006）。

术采用富氧燃烧以及从天然气中分离 CO_2。世界范围内规划和在建的封存项目接近 30 个（CO_2CRC，2009），这些项目主要集中在北美，全部为陆地封存项目，多数封存项目将 CO_2 注入地下用来提高油田、天然气田或煤层气的采收率。但是，目前世界范围内还没有大规模系统的 CCS 示范项目。以下将介绍两个主要的推进 CCS 大规模示范项目建设的组织：欧洲零排放化石燃料发电厂技术平台（ZEP）和全球 CCS 协会（Global CCS Institute）。

1.3.1 欧洲零排放化石燃料发电厂技术平台（ZEP）

ZEP 始建于 2005 年，成员包括欧洲公用事业、石油公司、设备供应商、科学家、地质学家和环境非政府组织。平台的参与方认为 CCS 是应对气候变化的主要技术，其目标是使 CCS 技术在 2020 年之前投入商业运行并开始大规模应用。2006 年，ZEP 提出了实现这一目标所需的技术与应用路线图。2007 年，ZEP 提出了欧盟旗舰计划——CCS 大规模示范项目。该计划目前已经被重新命名为"欧盟示范计划"。

根据 ZEP 的研究，欧洲范围内共需开展 10～12 个示范项目，通过建立起囊括欧洲范围内所有 CCS 技术和燃料来源、地域和地质的最佳项目组合，这些示范项目有助于：①确定 CCS 价值链中的技术差距；②确定符合项目目标的遴选标准；③确定达标项目数量。这样才能最终消除 CCS 价值链上各个环节的风险，在 2020 年实现商业化。

根据麦肯锡公司的研究，10～12 个 CCS 的示范项目需要 70 亿～120 亿欧元的额外资金，ZEP 认为企业要承担发电厂的基本成本和运营风险，而 CCS 的增量成本由公共资金支付[①]。ZEP 强调，首先需要规范有关 CCS 示范项目的国家援助规则，其次是加快执行稳定的国家和欧洲融资机制，以促进 CCS 项目的企业融资。此外，ZEP 还促进欧盟 CCS 示范项目的知识共享，以加快技术开发和降低成本；促进公众对示范计划的支持，使公共资金的利用效率得到正确的评价；最大限度

---

① 从以往经验看，技术突破能够得到公共资金，以克服发展中的第一个难关——在生物技术、制药、IT 和航空航天等领域都是这样。比如，纳米技术得到全球公共投资额为 64 亿美元（另加 60 亿美元的私人投资），以克服主要技术障碍。其成果是：目前市场上有 600 多种纳米产品，2006 年的全球纳米行业收入估计为 500 亿美元。

地利用公共资金，同时尊重公司的知识产权（IPR）。

ZEP 目前已宣布的欧盟 CCS 示范项目有 43 个（ZEP, 2009），这些项目包括 CO_2 的捕获、运输和封存的各个环节。项目主要分布在英国、挪威、荷兰和德国等经济较为发达地区；项目的合作方和参与方以欧盟大型能源企业为主，如 BP、TOTAL、Shell 以及各国的国家能源企业；并且这 43 个项目中，有 39 个属于电力项目，也体现了电力部门将是 CCS 技术未来大规模应用的主要部门，其中新建项目为 28 个，改造项目为 15 个；大部分项目燃料为煤炭，也有一小部分是针对天然气和生物质；从捕获技术选择上看，大部分项目采用的是燃烧后捕获技术，其次是燃烧前捕获，只有 5 个项目采用的是富氧燃烧技术，这也在一定程度上反映了不同的碳捕获技术目前的发展水平；绝大部分项目采用管道运输的方式，封存地点也主要为陆地。

1.3.2 全球 CCS 协会（Global CCS Institute）

2008 年 7 月的 G8+5 峰会上，G8 国家宣布为应对气候变化，减少温室气体排放，需在 2010 年底前在世界范围内启动 20 个大型 CCS 示范项目，并在 2020 年促使 CCS 技术在世界范围内推广。G8 国家同时提到，其将促进 CCS 技术的国际合作，提供资金支持，推进能力建设以及在发达国家和发展中国家部署 CCS 技术。这些举措将为发展 CCS 的商业应用提供很大帮助，并且能帮助 CCS 达到为减排作出重大贡献所需的规模。实现这些项目需要设立一个跨国家和地区的机构来负责协调和推进。在此背景下，全球 CCS 协会（Global CCS Institute）应运而生，并将在这方面起关键作用。

2008 年 9 月，澳大利亚政府宣布筹建全球 CCS 协会。2009 年 4 月，全球 CCS 协会正式成立。协会创立成员包括 20 多个国家的政府和 80 多家大型企业、非政府机构和研究机构等。成立全球 CCS 协会旨在加速全世界大规模的 CCS 商业化应用，促进安全、经济及可持续性环保的 CCS 商业化项目开发，提供有关 CCS 解决方案的专业意见，以及保障取得成功所需要的运作和满足立法方面的要求等。

全球 CCS 协会的首要任务就是明确 CCS 项目类型的组合。该协会认为，理想的组合包括多种 CCS 项目，涵盖不同技术和地理区域，以达到全球范围的全面合作。这将增强全球各界对 CCS 的信心，加速资讯交流，降低成本和加强公众意识。全球 CCS 协会将促进协调全球 CCS 活动，令该技术更广泛的被接受，确保其在协助减缓气候变化方面取得成功。在促成 CCS 项目应用在全球大规模开展的过程中，全球 CCS 协会极为重视新兴市场经济体的能力建设。并且，全球 CCS 协会同时鼓励并参与发展较小型的测试台和非工业规模项目，以培养第二代和第三代项目的发展。

遗憾的是，由于成本无法控制，到目前为止没有一个大型示范项目付诸实施。不确定性和成本过高推迟了 CCS 技术的有效利用。

1.4 CCS 技术对于中国减少温室气体排放的重要性

CCS 技术对于中国具有特别的意义，能源消费总量的持续增长和以煤为主的能源结构，是中国产生大量 CO_2 排放的主要原因。尽管中国已经在提高能效和发展可再生能源方面做出了很多努力，但是这些都很难改变近中期国内能源消费以煤为主的现状（Liu and Gallagher，2009）。CCS 技术可以支持中国继续使用煤炭等化石能源并控制温室气体排放，是十分有潜力的减排技术方案。

1.4.1 中国的能源消费结构、温室气体排放及应对气候变化的主要举措

作为世界上最大的发展中国家，改革开放之后中国经济高速增长，能源消费也呈快速增长趋势，2007 年能源消费达到 26.56 亿 tce。中国的能源消费结构以煤为主，煤炭消费比重维持在接近 70% 的水平（图 1-4）。并且煤炭在未来中国能源消费中将仍然占据主要地位。

电力生产是煤炭的主要用途之一。中国煤炭资源丰富且相对成本较低，并且煤电投资建设周期较短，能较快的满足中国经济发展对电力的需求。2007 年中国共生产电力 32 815.5 亿 kW·h，其中火电为 27 229.3 亿 kW·h（图 1-5）。火电在电力供给中所占比例有逐年上升趋势（1990 年火电占总发电总量比例为 79.61%，2000 年为 82.19%，2007 年为 82.98%）。

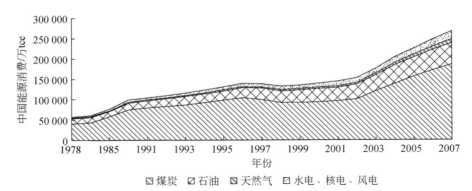

图 1-4　1978～2007 年中国能源消费总量及构成

资料来源：相关年份中国统计年鉴

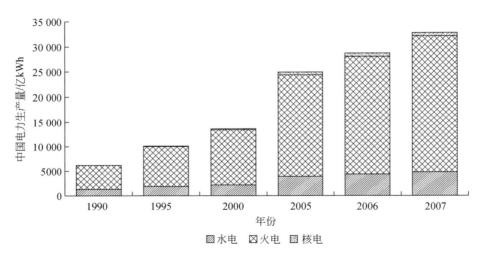

图 1-5　1990～2007 年中国电力生产量

资料来源：相关年份中国统计年鉴

能源消费总量的持续增长和以煤为主的能源结构，是中国产生大量 CO_2 排放的主要原因。2005 年国内因化石能源使用而产生的 CO_2 排放达到 51 亿 t，占世界总排放量的 19.52%，比 1990 年增长了 127.31%（IEA，2007）。电力部门因火电（尤其是煤电）所占比例过大，在化石能源使用所产生的 CO_2 排放中占了近一半比例（图 1-6）。煤炭的高排放强度（在三种化石能源中最高）给中国带来巨大的减排压力。

作为一个负责任的发展中大国，中国明确提出要积极履行《气候公约》中的国际义务，控制温室气体排放。为了减缓化石能源大量使用对国内经济与环境产生的压力，中国提出可持续发展战略与"节能减排"政策，致力于降低单位 GDP

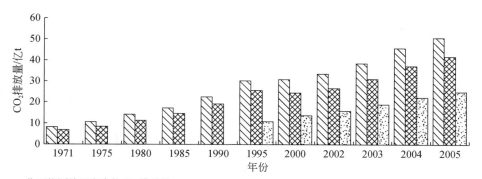

图 1-6　中国化石能源使用产生的 CO_2 排放量

资料来源：IEA，2007

注：1995 年之前的电力与热力生产所产生的排放统计数据缺失

能耗，推动可再生能源与新能源发展。《能源发展"十一五"规划》在节能方面提出 2010 年单位 GDP 能耗降低 20% 左右的目标，并制定"十一五"期间年均节能率 4.4%，相应减少排放 SO_2 840 万 t、CO_2 3.6 亿 t 的目标（NDRC，2007b）。并且在《应对气候变化国家方案》和《中国应对气候变化的政策与行动》白皮书中制定了 2010 年中国应对气候变化的总体目标（国家发展和改革委员会，2007a；国务院，2008）。2014 年，中国在"国家自主贡献"中提出将于 2030 年左右使 CO_2 排放达到峰值并争取尽早实现，2030 年单位 GDP CO_2 排放比 2005 年下降 60% ~ 65%。此外在《能源发展战略行动计划 2014~2020》中提出，到 2020 年一次能源消费总量控制在 48 亿 tce 左右，煤炭消费总量控制在 42 亿 t 左右。在这些目标的约束下，一方面，为实现非化石能源占一次能源消费的比重目标，中国需要有大量的投资被投入到清洁能源和可再生能源方面，以减少对化石能源的依赖，进而控制温室气体排放；另一方面，中国需要继续投资化石能源技术，提高能源利用效率以保障国内能源供应以及支持经济发展。

1.4.2　CCS 技术与其他减排技术方案的潜力比较

由于中国的能源结构以煤为主，这导致了大量的温室气体排放。目前 CO_2 排放主要来自能源部门，尤其是电力行业，中国电力企业联合会的数据统计显示，

2010 年电力行业 CO_2 排放约占全国总排放的 50% 。在温室气体减排压力下，电力行业势必成为 CO_2 减排的重点。

从减排技术方案上看，"节能减排"属于提高能效的减排技术方案，促进新能源和可再生能源发展属于发展替代能源的减排技术方案。而 CCS 是用来捕获煤炭等化石燃料燃烧所释放的温室气体，现有技术能捕获到排放源 CO_2 总量的 85%~95% （图 1-7）。粗略估算，如果国内火电全部采用 CCS 技术，电力部门 CO_2 排放量可以在 2005 年基础上减少 20.0 亿~22.5 亿 t，相当于 2005 年国内化石燃料排放总量的 39.2%~44.1% 。在不考虑成本的情况下，这个技术方案可以保证化石能源的继续使用并减少温室气体排放，是十分有潜力的技术方案。

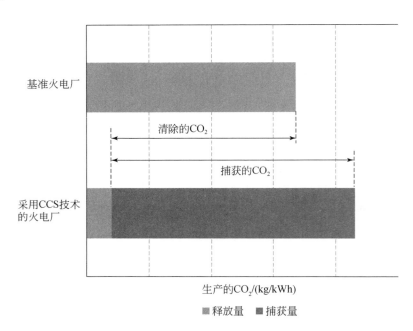

图 1-7　基准电厂在采用 CCS 技术之后的排放量和捕获量

资料来源：IPCC，2007b

但是，与其他减排技术方案相比，CCS 技术也存在不足。①与提高能效的技术方案相比，配备 CCS 的电厂需要多消耗能源对 CO_2 进行捕获和压缩，会带来发电机组能源转化效率的下降（据估计，中国加装 CCS 装置的燃煤电厂能效会由加装前的 48% 下降到 36% ，下降幅度为 25% ）（IPCC，2005）。全部采用 CCS 技术后电力部门将在 2005 年基础上多消耗燃料 13 054.88 万~52 219.52 万 tce，相当于

2005 年能源消费总量的 4.6% ~ 18.4% 。CCS 是以能耗换减排的技术方案，这与中国 "节能降耗" 政策是相悖的。②与发展替代能源的技术方案相比，CCS 是针对化石能源使用产生的温室气体进行减排，而替代能源不但可以减少排放，还能缓解因化石能源枯竭而带来的能源危机。从长远来看，新能源与可再生能源将会成为世界主导能源①，因而 CCS 更像是阶段性的减排技术方案。③CCS 技术不够成熟，缺乏大规模一体化的实践经验，并且 CCS 技术在中国的发展落后于世界水平②，技术发展前景不明朗。

1.4.3　CCS 技术对中国的重要性分析

中国是否需要 CCS 这种针对性强的阶段性减排技术方案将在很大程度上取决于中国应对气候变化的态度与决心。鉴于中国以煤为主的能源消费结构，尤其电力部门很大程度上依赖火电，发展替代能源和提高能源效率的减排潜力低于 CCS 技术，无法在更大程度上推进减排。但是，发展替代能源可以减少能源对外依存度，加强能源安全；提高能源效率可以促进产业结构升级，有利于经济健康稳定发展。从长远看，这些措施对中国的影响远远大于 CCS 技术。

作为减少化石能源使用产生 CO_2 排放的唯一可行技术 （IPCC，2007b），CCS 是中国在更大程度上减少温室气体排放的关键技术。中国已经开始关注 CCS 技术的发展，目前共有 7 个 CCS 示范项目投入运营，另外还有 7 个项目处在前期筹备或在建状态，这些都可以为中国未来发展 CCS 技术积累技术数据和工程经验。此外，中国还提出 CCUS 概念，即在原有的碳捕获、运输和封存环节上，考虑 CO_2 的资源化利用 （utilization） （MOST，2010）。但我们需要知道，没有单一的技术方案能够全面满足实现温室气体稳定性的减排需求，全面减排需要不同措施的组合 （IPCC，2001）。CCS 因为有巨大的减排潜力使得其在方案组合中出现，并且成为十分关键的一环。

---

① 能源是一个历史范畴，能源短缺和枯竭指的都是特定能源。原始社会能源主导形态为生物能源 （包括畜力和燃烧薪柴）；工业社会主导能源为化石能源 （煤炭、石油和天然气等）。先进生产力会带来能源形态的变更，从生物能源–化学能源–物理能源 （核裂变与核聚变产生能量，风能本身为太阳能，太阳能实质为核能）。

② 单从捕获系统看，中国刚刚开始燃烧后捕获技术研究，燃烧前和氧燃料燃烧捕获目前在中国技术上是空白。

1.5 CCS 技术经济性研究的重要性

经济可行性是决定 CCS 技术是否可以得到大规模推广的关键因素。目前来看，采用 CCS 技术之后会使发电成本大幅上升。粗略估算，目前中国燃煤电厂采用 CCS 技术之后，其发电成本将提高 2 ~ 3 倍（2005 年国内煤电发电成本为 0.23 ~ 0.28 元/kWh，在此基础上采用 CCS 技术会使发电成本上升到 0.4 ~ 0.8 元/kWh）；而同期国内风电发电成本约为 0.35 元/kWh。CCS 成本估算数据来自 IPCC（2005）。

CCS 经济性提高可以提高技术的吸引力和竞争力。提高 CCS 经济性的途径主要有：①通过 CCS 示范项目的建设进行知识学习，加强对 CCS 的认识[①]。②提高 CCS 设备（尤其捕获设备）的国产化率以有效降低成本。据估算，普通燃煤电厂采用本土化后的 CCS 装置所需的投资成本仅为采用国外相同装置的一半。③考虑对现有火电厂的更新改造。尽管 IPCC 报告认为，用 CCS 改装现有电厂的成本较新建 CCS 电厂高并会降低总体效率。但中国 70% 的发电量来自火电，大量新建 CCS 电厂以替代现有火电并不可行。此外，CCS 技术本身的不确定性使得其推广将面临一系列的经济和社会问题。

根据对欧盟 CCS 政策影响评估的分析，现有评估对 CCS 的负面影响及减排潜力估算都存在不足。采用 CCS 技术之后，一旦对中国的社会经济带来的负面影响大于正面影响，那么 CCS 对中国来说就不是可行选择。并且捕获的 CO_2 需要被封存，对于中国的封存潜力也需要进一步评估。这些都需要针对 CCS 的经济性评价方法进行深入的研究。

1.6 已有 CCS 技术经济性研究简述

针对 CCS 技术研究的文献较多，多数文献是围绕技术进展本身，包括 CCS 技术改进（Zanganeh and Shafeen, 2007; Viebahn et al., 2007; Davison, 2009;

---

① 据公开资料，中国一些电力企业已开始进行小规模 CO_2 燃烧后捕获示范项目建设（2008 年 7 月，中国首个燃煤电厂烟气 CO_2 捕集示范工程——北京高碑店热电厂 CO_2 捕集试验装置建成投产）。

Hetland et al., 2009；Aspelund and Gundersen, 2009；Escosaa and Romeo, 2009），CCS 技术对大气可能造成的影响分析（Odeh and Cockerill, 2008），CO_2 运输管道设计（Seevam et al., 2008），捕获气体体积性质（Li and Yan, 2009）等。这也体现了提高 CCS 技术经济性和适用性是目前 CCS 技术发展最为关键的环节。也有研究关于 CCS 相关政策法规的设计和影响方面，包括 CO_2 封存的法律法规以及公众对该技术的接受度（Coninck et al., 2008；Anderson et al., 2007；Knowles, 2008），还有对 CCS 在发展中国家应用的驱动因素和障碍分析（Reiner and Liang, 2009）等。

考虑到 CCS 存在的诸多不确定因素，针对单个投资项目，期权方法可以很好地评价不确定条件下的技术投资问题。Abadie and Chamorro（2008b）考虑了欧洲电力市场与碳价格的不确定性，建立实物期权模型评价 CCS 投资，得到了针对火电加装 CCS 机组的最优投资规则。Fuss 等（2008）同样考虑了欧洲电价与碳价格的不确定性，利用实物期权模型评价火电机组加装 CCS 装置后的价值，并采用 Monte-Carlo 模拟进行求解。Fleten 和 Näsäkkälä（2009）考虑了电力价格和天然气价格不确定的情况下，利用期权方法分析了天然气发电项目的运营柔性价值以及终止价值，并讨论了安装 CCS 装置后相应的减排成本对项目估值的影响。Heydari 等（2010）考虑了电力价格、CO_2 价格以及煤炭价格的不确定性，建立了一个期权模型区评价两种针对现有煤电的 CCS 技术——投资全捕获或半捕获 CCS——的选择权价值。基于 Fuss 等（2008）的研究，Zhou 等（2010）在期权模型中引入了碳价格的不确定性并分析了 CCS 在中国电力部门的投资策略。

在一些能源经济系统模型中，CCS 作为潜在减排技术被引入模型以考察采用 CCS 技术后对社会经济以及减少温室气体排放的影响，包括 EPPA 模型（Jacoby et al., 2004），ETSAP TIAM 模型（Syri et al., 2008），MIND 模型（Held et al., 2008），MESSAGE-MACRO 模型（Riahi et al., 2002），US MARKAL-TIMES 模型（DeLaquil et al., 2009）等。其中，有学者讨论了不同的政策情景下 CCS 相比可再生能源技术在中长期的减排潜力，以及对完成长期减排目标的贡献程度（Riahi et al., 2004；Edmonds et al., 2004；Odenberger and Johnsson, 2009；Schumacher and Sands, 2009；Koljonen et al., 2009；Odenberger and Johnsson, 2010；Grimaud et al.,

2011）；也有学者考察了学习效应带来的 CCS 技术成本下降对技术扩散和潜在减排贡献的影响（Gerlagh and van der Zwaan, 2006；Riahi et al., 2009；Van der Broek et al., 2009；Lohwasser and Madlener, 2012）。

因篇幅所限，这里不对文献做展开介绍，在接下来的章节中，会在各章根据具体的研究问题，对相关的文献进行具体的比较和评述。

第2章 CCS项目评价模型及其在中国电力部门的应用

本章运用实物期权理论建立了CCS投资评价模型，考虑了现有火电成本、碳价格、CCS发电成本和CCS技术转化投资四种不确定性。从电力企业的角度出发，探讨在给定考察期内，投资CCS技术替代现有火电可以带来的成本节约收益价值和温室气体减排量。模型采用基于Monte-Carlo模拟的LSM方法求解，并将模型作为政策分析工具，以中国为例，通过情景分析讨论了不同因素变化对CCS投资的影响。计算结果显示，CCS的投资风险较高，而气候政策对CCS发展影响最大，因此气候政策需要权衡温室气体排放的减少和电力企业利益的保护。本章的研究可以为评价CCS投资和相关减排政策制定提供参考价值。

2.1 引　言

如前所述，电力部门是CCS未来应用的主要部门。尽管CCS技术十分关键，但是也面临较多的不确定性：①气候政策的不确定性。从市场机制上看，不管是发达国家还是发展中国家，要推广CCS技术，对电力部门的排放征税或者赋予价格是一个必要条件，但是在经历多次全球气候谈判后，各国却没有达成一个具有说服力的减排方案，所以未来气候政策走向难以预料，这将直接影响未来的碳价格。②CCS技术的不确定性。对于处在研发阶段的项目，CCS商业化后的相关投资成本难以预测，推广CCS技术所需要的投资是不确定的。③CCS成本的不确定性。技术的不确定也使得CCS未来的成本难以估计，目前CCS的捕获成本很高，随着商业化程度的提高，成本会有所下降，但是考虑到CCS会带来能源转化效率的下降[1]，CCS发电成本将始终高于化石能源直接发电成本。④化石能源价格的不

---

① 采用CCS技术会带来能源转化效率的下降，一个配备CCS系统（具有封存路径）的电厂相比一个未配备CCS的同等排放量的电厂而言多消耗10%~40%的能源，发电成本将提高10%~60%，绝大部分用于捕获和压缩（IPCC，2005）。

确定性。化石能源在未来能源消费中仍将占主导地位，而化石能源日益枯竭也使得其价格波动越来越剧烈，价格波动将直接导致采用 CCS 技术的化石能源发电成本的不确定。此外，对于 CCS 技术的评价还需要从它作为一项阶段性减排技术方案的特点出发[①]。这些不确定性使得电力企业在决策是否投资 CCS 技术时，很难做出正确评价。

实物期权方法很适合评价不确定性较大的大型投资项目。Myers 和 Turnbell（1977）和 Ross（1978）最早将金融期权定价理论引入实物投资领域。McDonald 和 Siegel（1986）首先研究出实物期权估值模型，并利用期权方法求解。在 Brennan 和 Schwartz（1985）首先将实物期权引入自然资源投资领域之后，实物期权被越来越多的应用在能源投资领域（Paddock et al.，1988；Smith and Nau，1995；Smith and McCardle，1998，1999；Fan and Zhu，2010）。在评价电力投资项目方面，实物期权方法可以考虑市场环境、发电燃料价格、环境因素、电力需求及供给等不确定性因素（Venetsanos et al.，2002）。因此可以很好的评价新型发电技术：①实物期权方法可以评价可再生能源发电对传统化石能源发电的替代作用（Davis and Owens，2003；Siddiqui et al.，2007）；②实物期权方法可以考虑在气候政策存在不确定性时对新型发电技术的评价（Fuss et al.，2009；Blyth and Yang，2007；Kumbaroglu et al.，2008）；③除此之外，实物期权方法还被用来评价 IGCC 发电技术（Abadie and Chamorro，2008a）以及分布式发电系统（Maribu et al.，2007；Siddiqui and Marnay，2008；Siddiqui and Maribu，2009）等。

部分学者已经开始运用实物期权方法来评价 CCS 技术。Abadie 和 Chamorro（2008b）考虑了欧洲电力市场与碳价格的不确定性，建立实物期权模型评价 CCS 投资，并利用二叉树方法求解，得到了针对火电加装 CCS 机组的最优投资规则，以西班牙电力市场作为算例，检验了模型。Fuss 等（2008）同样考虑了欧洲电价与碳价格的不确定性，利用实物期权模型评价火电机组加装 CCS 装置后的价值，并采用 Monte-Carlo 模拟进行求解。Fleten 和 Näsäkkälä（2009）考虑了电力价格和天然气价格不确定的情况下，利用期权方法分析了天然气发电项目的运营柔性价值以及终止价值，计算了投资阈值水平的上下限，其在模型中也讨论了安装 CCS

[①] 与发展替代能源相比，CCS 是阶段性的减排技术，是针对化石能源使用产生的温室气体进行捕捉和封存以减少排放，而替代能源（可再生能源和新能源）不但可以减少排放，还可以缓解因化石能源枯竭而带来的能源危机。

装置后相应的减排成本对项目估值的影响。

以上用期权方法评价 CCS 技术的研究存在一定的不足：①现有研究均考察特定发电项目加装 CCS 装置的评价，而 CCS 技术本身是可以作为一项投资期权来考虑的；②作为尚未投入实际运营的技术，在用期权评价 CCS 时对技术不确定性考虑不足，尤其是技术部署和转化过程中的不确定性；③对 CCS 成本不确定性考虑不足，CCS 与化石能源使用密切相关，目前研究并没有考虑化石能源价格风险对 CCS 成本的影响[①]；④未考虑 CCS 作为阶段性减排技术存在的特点，均假设项目一旦转化成功，即可在运营期限内获得永续现金流。而 CCS 技术在特定时间内对减排的贡献被忽视。

运用实物期权理论，通过建立 CCS 投资评价模型，从企业的角度出发，探讨在全球应对气候变化的大背景下，电力企业在给定考察期内投资采用 CCS 技术的火电以替代现有火电可以带来的成本节约收益的价值和可以带来的温室气体减排量，为电力企业对 CCS 技术的投资评价提供帮助。模型考虑了与 CCS 技术经济性评价最为相关的不确定因素（化石能源价格、碳价格、CCS 技术转化投资、CCS 发电成本），并利用模型作为政策分析工具，以中国为例，通过情景分析，对影响电力企业投资 CCS 技术的相关因素进行了分析。

2.2　模 型 描 述

本章将 CCS 技术看作一个复合投资期权，考虑化石能源价格、碳价格、CCS 发电成本及 CCS 技术转化投资四种不确定性，通过建立 CCS 技术的期权评价模型，来评价在应对气候变化的大背景下，电力企业投资采用 CCS 技术的火电替代现有火力发电可以带来的成本节约收益价值。这里成本节约收益是指，在碳排放税存在的情况下，采用 CCS 的火电相对现有火电可以节约的成本。成本节约为正则表示电力企业通过采用 CCS 的火电可以避免的支出或者额外获得的收益；成本节约为负则表示电力企业采用 CCS 技术后需要额外付出的成本。

作为大型投资项目，电力企业部署 CCS 以及从现有火电转换到采用 CCS 的火

---

① 同样作为减排工具，燃料价格的不确定性会直接影响 CCS 发电成本，这是 CCS 技术与可再生能源发电的重要区别。

电需要一段时间才能完成，因此企业对 CCS 的投资决策可以看做是多阶段的项目投资决策问题（Dixit and Pindyck，1994）。CCS 技术转化投资被用来进行 CCS 项目建设，通过项目建设投资，可以降低 CCS 的技术及市场壁垒。只有当 CCS 项目投资完成之后，电力企业才可以获得因投资 CCS 技术发电带来的相对现有火电的成本节约收益。

模型中成本节约效应的考察期可以分为两个部分：一是完成 CCS 项目投资所需要的阶段；二是投资结束后电力企业获得成本节约收益现金流的阶段。电力企业在投资阶段可以选择放弃期权，在转化投资的每一期，需要对正在投资的项目作出重新评估，以决定是否继续投资。当某阶段所需的投资额高于考察期内预期的 CCS 项目成本节约总收益时，企业会执行放弃期权终止该 CCS 项目以避免更大的损失。

2.2.1 投资成本和技术不确定性因素建模

电力企业在投资 CCS 技术时，期初由现有火电转化到采用 CCS 火电所需要的期望总投入成本为 K，总的剩余转化成本在第 t 期为 K_t。每期所需要的技术转化投资为 I，因为 CCS 主要用来减少化石能源使用所导致的温室气体排放，技术本身与气候变化高度相关，所以将 I 设为碳价格的线性方程，$I=iP_C$。i 为 CCS 技术转化速率，$0 \leqslant i < \infty$。P_C 为碳价格，碳价格增高时，对 CCS 的转化投入也会相应增加。

一般来说，新技术的不确定性对投资有相当大的影响（Dixit and Pindyck，1994；Schwartz，2004）。所以假设剩余转化成本 K 是不确定的，用来表示 CCS 技术本身的不确定性。K 服从可控扩散过程：

$$dK = -Idt + \beta \left[IK \right]^{0.5} dx \qquad (2-1)$$

其中，β 是一个规模参数，代表围绕着 K 的不确定性的大小，CCS 技术不确定性随着 K 的减少而降低，反映了 CCS 投资过程中的技术学习；dx 为独立的维纳过程增量；$dx = \varepsilon \sqrt{dt}$；$\varepsilon$ 为均值为 0，标准差为 1 的正态分布随机变量；K 的方差为 $\sigma_K^2 = \left(\dfrac{\beta^2}{2-\beta^2} \right) K^2$，CCS 技术不确定性随着 K 的减少而降低，反映了 CCS 投资过程中的技术学习（Dixit and Pindyck，1994；Schwartz，2004）。因为 K 是不确定的，因此完成

CCS 技术投资所需的时间也是不确定的。本章假设 I 与碳价格 P_C 呈线性关系，期望的部署 CCS 时间为 $T_t(K_t) = \ln\left(1+\dfrac{\gamma K_t}{i P_{C_t}}\right) / \gamma$（Davis and Owens，2003），其中，γ 为碳价格的漂移参数。因为不存在与改变每期所需投资 I 相关的调整成本或其他成本，因此投资应有 Ban-Bang 解，即在投资完成前的任一时点，所需的最优投资额将为 $I=0$ 或 $I=I_{max}$（Dixit and Pindyck，1994）。对于 CCS 技术来说，电力企业要么就完全不进行 CCS 技术转化，在期初放弃该技术；要么就以最大转化速率 i_{max} 进行转化。因此在最优投资条件下，$i=i_{max}$，部署 CCS 技术的最小期望时间为 $T_{t\min}(K_t) = \ln\left(1+\dfrac{\gamma K_t}{i_{max} P_{C_t}}\right) / \gamma$。

对于尚处于研发中的技术，除技术转化投资外，电力企业还需要对 CCS 进行技术消化学习，优化技术流程，以加快降低企业采用 CCS 技术的发电成本。本章将这部分支出定义为企业对 CCS 技术的研发投入。假设 CCS 每期的研发支出为 M，研发支出在转化期间存在。因此 CCS 技术的总转化投入包括两部分，每期所需的技术转化投资和研发投入。因为技术转化投资不确定性的存在，只有当项目完成时才能知道实际全部转化投入，$\int_0^\tau I \mathrm{d}t + \int_0^\tau M \mathrm{d}t$，$\tau$ 为 CCS 项目投资实际的完成时间。

2.2.2 成本节约收益的不确定性因素建模

根据前面对 CCS 投资相关不确定性的描述，参考对化石能源发电成本所服从运动过程的讨论（Davis and Owens，2003；Siddiqui et al.，2007；Kumbaroglu et al.，2008），假设现有火电发电成本服从几何布朗运动，即

$$\mathrm{d}P_F = \alpha P_F \mathrm{d}t + \sigma_F P_F \mathrm{d}z_F \tag{2-2}$$

其中，P_F 为现有火电的发电成本，单位为元/kWh；$\mathrm{d}z_F$ 为维纳过程的增量，$\mathrm{d}z_F = \varepsilon_{Ft}\sqrt{\mathrm{d}t}$；$\varepsilon_{Ft}$ 为均值为 0，标准差为 1 的正态分布随机变量；α 和 σ_F 分别为现有火电成本的漂移参数和标准差参数。

因为 CCS 技术是针对使用化石能源而导致的温室气体排放，因此本章中考虑了碳排放税。本书定义的排放税（碳税）概念比较宽泛，主要指排放单位温室气

体的价格。既可以理解为是电力企业对其所造成的排放所付出的代价（存在减排额度和承诺的多数发达国家），这些电力企业采用 CCS 技术后可以避免因采用化石能源发电而需要付出的额外代价；也可以被理解为电力企业因出售温室气体核定减排量而获得的额外收入，这些企业（大多在没有减排额度和承诺的多数发展中国家）采用 CCS 技术之后可以通过出售核定减排量获得额外收益，进而补贴其采用 CCS 技术所导致的额外成本。

目前来看，存在两种主要的碳价格机制：第一种为固定碳价格机制，即每单位排放的价格是固定的，对于企业来说，固定碳价格机制可以被看做是一种针对燃料含碳量而征收的一种环境税，印度已经开始实行固定碳价格机制，其对国内火电每吨碳排放征收 50 卢比的税[①]，而澳洲也准备开始在国内征收固定碳税[②]；而另一种碳价格机制就是浮动碳税机制，其中最有代表性的就是 EU-ETS。在 EU-ETS 框架下，首先会设定一个排放的限额，各个国家根据排放限额分配排放的配额到企业。企业如果需要在其排放限额之上增加排放，则需要向那些配额富余的企业购买碳信用，碳信用的价格是根据市场由供求双方决定的（Abadie and Chamorro, 2008b; Zhou et al., 2010）。对于浮动碳价格机制，随机过程可以很好地反映其变化以及波动。因此在之前关于 CCS 投资的研究中，均假设碳价格服从随机过程（Abadie and Chamorro, 2008b; Fuss et al., 2008; Heydari et al., 2010; Zhou et al., 2010）。所以这里假设碳价格也服从几何布朗运动（Abadie and Chamorro, 2008b），即

$$\mathrm{d}P_C = \gamma P_C \mathrm{d}t + \sigma_C P_C \mathrm{d}z_C \tag{2-3}$$

其中，P_C 为现有火电的发电排放税（碳价格），单位为元/kWh；$\mathrm{d}z_C$ 为维纳过程的增量，$\mathrm{d}z_C = \varepsilon_{Ct}\sqrt{\mathrm{d}t}$；$\varepsilon_{Ct}$ 为均值为 0，标准差为 1 的正态分布随机变量；γ 和 σ_C 为分别为碳价格的漂移参数和标准差参数。这里需要指出的是，尽管浮动碳价格机制中的碳价格与化石能源价格存在一定的相关性，但是气候政策、减排目标，以及配额分配等因素对于碳价格的影响要远远大于化石能源价格。考虑到化石能源价格主要影响的是火电的发电成本，对碳价格影响有限，因此模型没有考虑碳价

---

① Bloomberg Businessweek. 2010. India to Raise $535 Million From Carbon Tax on Coal. http://www. businessweek. com/news/2010-07-01/india-to-raise-535-million-from-carbon-tax-on-coal. html

② The Age（Melbourne）. 2010. Carbon tax has merit. http://www. theage. com. au/news/national/carbon-tax-has-merit/2007/04/04/1175366303117. html

格与火电发电成本之间的相关性。

对于采用 CCS 的火电发电成本，其应该为发电成本加上捕获成本。因此其发电成本不仅仅受到化石燃料价格的影响，还受到捕获技术的影响（例如：CO_2 捕获过程中的吸附剂成本，则是与化学品市场高度相关的）。所以我们采用了一个受控的扩散过程来反映 CCS 发电成本的变化。对于采用 CCS 技术的火电发电成本变化分为两个阶段：第一阶段是在技术转化投资还未完成时（$K>0$），此时的 CCS 技术研发投入将对其发电成本下降有一定影响；第二阶段是在技术转化投资结束之后（$K=0$），CCS 技术的研发投入对发电成本的影响也相应停止，具体如下：

$$dP_S = \theta(M)P_S dt + \sigma_S(M)P_S dz_S, \quad K>0 \tag{2-4}$$

$$dP_S = \theta P_S dt + \sigma_S P_S dz_S, \quad K=0 \tag{2-5}$$

其中，P_S 表示采用 CCS 的火电发电成本，单位为元/kWh；dz_S 维纳过程的增量，$dz_S = \varepsilon_{St}\sqrt{dt}$；$\varepsilon_{St}$ 为均值为 0，标准差为 1 的正态分布随机变量；$\theta(M)$ 和 $\sigma_S(M)$ 分别为技术转化投资未完成时的采用 CCS 的火电成本漂移参数和标准差参数；θ 和 σ_S 分别为技术转化投资完成后的采用 CCS 的火电成本漂移参数和标准差参数。

$\theta(M)$ 和 $\sigma_S(M)$ 与研发投入 M 相关，在转化期间内，增大研发投入可以使得采用 CCS 的火电成本下降降速增加，并且相应降低成本的不确定性，但是增加研发投入对发电成本下降的边际效用递减，两者不是线性关系，假设有如下关系：

$$\frac{\theta(M_2)}{\theta(M_1)} = \frac{\sigma_S(M_2)}{\sigma_S(M_1)} = \ln\left(\sqrt{\frac{M_2}{M_1}}\right) \tag{2-6}$$

虽然 CCS 技术成本可以通过研发和技术学习不断下降，但是采用 CCS 会额外消耗能源，其发电成本是始终高于现有火电的。根据 IPCC 报告，现有火电加装 CCS 技术后发电成本将提高 10% ~ 60%，因此这里设定采用 CCS 的发电成本将始终高于现有火电发电成本，即 $P_S/P_F \geq 1.1$，如果 $P_S/P_F \leq 1.1$，则 $P_S = P_F \times 1.1$。

2.2.3 CCS 成本节约收益分析模型

当电力企业完成 CCS 项目所需投资，成功实现了现有火电与采用 CCS 火电之间的转化，此时 CCS 项目价值取决于运营 CCS 项目可以带来的成本节约收益，即 $V(P_F, P_C, P_S, t)$。在投资完成后的任一时间 $t(t \leq T)$，在碳税存在的条件下，在

给定的考察期 T 内采用 CCS 技术后的成本节约效应可以带来的剩余期望收益价值为

$$E[V(P_F, P_C, P_S, t)] = \frac{P_F}{(\hat{\alpha}-\alpha)}q[1-e^{-(\hat{\alpha}-\alpha)(T-t)}]+cr\frac{P_C}{(\hat{\gamma}-\gamma)}q[1-e^{-(\hat{\gamma}-\gamma)(T-t)}]$$

$$-\frac{P_S}{(\hat{\theta}-\theta)}q[1-e^{-(\hat{\theta}-\theta)(T-t)}] \tag{2-7}$$

其中，P_F 为现有火电的发电成本；P_C 为现有火电的发电排放税（碳价格）；P_S 为采用 CCS 火电的发电成本；T 为成本节约效应的考察期，这里并不完全等于 CCS 投资的生命期；cr 是 CCS 技术的捕获率；q 为常数，是采用 CCS 的火电发电量（火电加装 CCS 后替代现有火电的发电量），假设每期由采用 CCS 技术的火电替代现有火电的发电量不变；$\hat{\alpha}$，$\hat{\gamma}$，$\hat{\theta}$ 为现有火电，碳价格与采用 CCS 火电成本经风险调整后的折现率；假设 $\alpha<\hat{\alpha}$，$\gamma<\hat{\gamma}$，$\theta<\hat{\theta}$，假设现有火电，碳税与采用 CCS 技术的火电经风险调整后的折现率等于无风险利率 r，即 $r=\hat{\alpha}=\hat{\gamma}=\hat{\theta}$。

在期初，电力企业拥有投资 CCS 的机会，在考虑了转化成本和转化时间以及转化期间的研发费用支出之后，如果在期初以最大转化投资（I_{max}）进行转化，投资 CCS 的成本节约收益的预期机会价值为

$$E[F(P_F, P_C, P_S, K, 0)] = \frac{P_{F_0}}{(\hat{\alpha}-\alpha)}e^{(\alpha-\hat{\alpha})T_{0min}(K_0)}q[1-e^{-(\hat{\alpha}-\alpha)(T-T_{0min}(K_0))}]$$

$$+cr\frac{P_{C_0}}{(\hat{\gamma}-\gamma)}e^{(\gamma-\hat{\gamma})T_{0min}(K_0)}q[1-e^{-(\hat{\gamma}-\gamma)(T-T_{0min}(K_0))}]$$

$$-\frac{P_{S_0}}{(\hat{\theta}-\theta)}e^{(\theta-\hat{\theta})T_{0min}(K_0)}q[1-e^{-(\hat{\theta}-\theta)(T-T_{0min}(K_0))}]$$

$$-\int_0^{T_{0min}(K_0)}P_{C_0}i_{max}e^{-(\hat{\gamma}-\gamma)t}dt-\int_0^{T_{0min}(K_0)}Me^{-rt}dt \tag{2-8}$$

其中，P_{F_0} 为期初现有火电的发电成本；P_{C_0} 为期初现有火电的发电排放税（碳价格）；P_{S_0} 为期初采用 CCS 火电的发电成本。对式（2-8）最后两项积分，可以得到：

$$E[F(P_F, P_C, P_S, K, 0)] = \frac{P_{F_0}}{(\hat{\alpha}-\alpha)}e^{(\alpha-\hat{\alpha})T_{0min}(K_0)}q[1-e^{-(\hat{\alpha}-\alpha)(T-T_{0min}(K_0))}]$$

$$+cr\frac{P_{C_0}}{(\hat{\gamma}-\gamma)}e^{(\gamma-\hat{\gamma})T_{0min}(K_0)}q[1-e^{-(\hat{\gamma}-\gamma)(T-T_{0min}(K_0))}]$$

$$-\frac{P_{S_0}}{(\hat{\theta}-\theta)}e^{(\theta-\hat{\theta})T_{0\min}(K_0)}q\big[1-e^{-(\hat{\theta}-\theta)(T-T_{0\min}(K_0))}\big]$$

$$-\frac{P_{C_0}i_{\max}}{(\hat{\gamma}-\gamma)}\big[1-e^{-(\hat{\gamma}-\gamma)T_{0\min}(K_0)}\big]-\frac{M}{r}\big[1-e^{-rT_{0\min}(K_0)}\big] \qquad (2\text{-}9)$$

在期权分析框架中，在 CCS 所需投资尚未完成的阶段，电力企业拥有放弃期权，当某阶段所需的投资额高于考察期内预期的 CCS 项目成本节约总收益时，企业会执行放弃期权终止该 CCS 项目以避免更大的损失。在投资尚未完成阶段的任一时期，电力企业拥有的投资机会价值 $F(P_F,P_C,P_S,K,t)$，取决于 CCS 投资项目完成后的成本节约效应可以带来的预期现金流和期望完成 CCS 项目的所有投资，还有给定的考察期间。因此 CCS 投资机会价值必须满足下面的偏微分方程（Schwartz，2004）：

$$\mathrm{Max}_I\ \Big[\frac{1}{2}\phi_{P_FP_F}P_F^2\sigma_F^2F_{FF}+\frac{1}{2}\phi_{P_CP_C}P_C^2\sigma_C^2F_{CC}+\frac{1}{2}\phi_{P_SP_S}P_S^2\sigma_S^2F_{SS}+\frac{1}{2}\phi_{KK}\beta^2IKF_{KK}$$

$$+\alpha P_FF_{P_F}+\gamma P_CF_{P_C}+\theta P_SF_{P_S}-IF_K+F_t-I-M-rF\ \Big]=0 \qquad (2\text{-}10)$$

式（2-10）的边界条件为：$F(P_F,P_C,P_S,0,\tau)=V(P_F,P_C,P_S,\tau)$。CCS 项目投资完成的时间 τ 是随机的，因此在投资完成时，其项目价值不仅取决于未来的期望现金流，还取决于项目完成时间。因为 CCS 项目的投资额较大，一旦被放弃，电力企业一般不会再重新启动，因此假设项目被放弃，电力企业就永远不会再重新启动该项目投资。

2.2.4 基于 LSM 的模型求解

鉴于 CCS 的转化总投入不确定，并且现有火电成本，碳价格以及采用 CCS 火电的成本都是随机的，并且模型针对 CCS 技术本身的特点的约束条件较多，因此模型很难用一般偏微分方程数值求解方法求解。我们这里采用 LSM 方法求解。

LSM 是一种基于 monte-carlo 模拟和最小二乘法的美式期权求解方法（Longstaff and Schwartz，2001）。在我们的模型中，在 CCS 投资尚未完成时，电力企业拥有放弃期权，在每一个离散点上，企业都会作出决策是否需要执行放弃期权。求解过程如下：

首先，将模型中的式（2-1）~（2-5）离散化后可以得到：

$$P_F(t+\Delta t)=P_F(t)\exp\big(\alpha\Delta t+\sigma_F(\Delta t)^{1/2}\varepsilon_F\big) \qquad (2\text{-}11)$$

$$P_C(t+\Delta t) = P_C(t)\exp(\gamma\Delta t + \sigma_C\ (\Delta t)^{1/2}\varepsilon_C) \tag{2-12}$$

$$P_S(t+\Delta t) = P_S(t)\exp(\upsilon(M_0)\Delta t + \sigma_S(M_0)(\Delta t)^{1/2}\varepsilon_S),\ K>0 \tag{2-13}$$

$$P_S(t+\Delta t) = P_S(t)\exp(\theta\Delta t + o_S\ (\Delta t)^{1/2}\varepsilon_S), K=0 \tag{2-14}$$

如果 $P_S(t)/P_C(t)<1.1$，则 $P_S(t) = P_C(t)\times 1.1$。

$$K(t+\Delta t) = K(t) - iP_C(t)\Delta t + \beta\left[iP_C(t)K(t)\right]^{1/2}(\Delta t)^{1/2}\varepsilon_x \tag{2-15}$$

$$M(t) = \begin{cases} 0, & I(t)=0 \\ M(t), & I(t)>0 \end{cases} \tag{2-16}$$

模型需要模拟 G 条路径，分为 N 期，$N=\dfrac{T}{\Delta t}$。

在任一条路径 g 上，如果 CCS 项目在投资完成之前未被放弃，在考察期末给定 CCS 项目价值为 $Q\ (g,\ NT)$，模型的边界条件为

$$Q(g,\ NT) = C(g,\ NT) \tag{2-17}$$

其中，C 为当期采用 CCS 技术带来的成本节约收益的值。

在第 j 期，对于 CCS 转化投资完成之后的路径，采用 CCS 带来的成本节约收益的价值可以表示为

$$Q(g,\ j) = \exp(-r\Delta t)Q(g,\ j+1) + C(g,\ j)\ \Delta t \tag{2-18}$$

对于 CCS 投资尚未完成的路径，需要通过回归来确定期望价值，以折现后的 $j+1$ 期的价值 $\exp(-r\Delta t)Q(g,\ j+1)$ 为因变量，以当期 CCS 成本节约收益现金流为自变量，采用多项式①回归得到当期拟合值 $\hat{Q}(g,\ j)$。再比较回归得到的期望值 $\hat{Q}(g,\ j)$ 与当期所需要的技术转化投资 I 以及研发投入 M，可以得到：

$$Q(g,j) = \begin{cases} 0, & \hat{Q}(g,j)<I(g,j)+M(g,j) \\ \hat{Q}(g,j) - \left[I(g,j)+M(g,j)\right], & \hat{Q}(g,j)\geq I(g,j)+M(g,j) \end{cases}$$

$$\tag{2-19}$$

照此步骤递归，直到得到在每条可能路径上在每个可能放弃时间上的所有放弃期权执行点。再从每条路径的期初开始计算 CCS 投资项目的价值，一直到考察期结束或者项目第一次被放弃的时点，将相应各个时点的 CCS 成本节约收益和投资成本折现到期初并加总，对所有路径取平均后得到 CCS 项目成本节约收益的期

---

① 我们在回归中采用的是拉盖尔多项式，回归取多项式的前 9 项。

权价值。具体描述见 Schwartz（2004）。

此外，还计算了不同路径上采用 CCS 技术之后可以减少的温室气体排放，假设 $\tau(g)$ 为某条路径上电力企业完成 CCS 投资的时点，那么该路径上考察期内采用 CCS 技术可以达到的减排量为

$$ER(g) = e \cdot q[T - \tau(g)] \tag{2-20}$$

其中，$ER(g)$ 为该路径的总减排量；e 为原有火电的排放因子，单位为 gCO_2/kWh。对所有路径的碳减排量加总后求平均，便可以得到投资 CCS 技术后在考察期内的碳减排总量。LSM 方法的求解通过 MATLAB 完成，所有的求解过程见图 2-1。

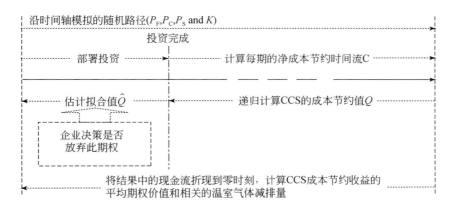

图 2-1 序贯决策和求解过程图示

2.3 CCS 在我国电力部门的减排潜力

应用以上模型，讨论 CCS 技术在中国的投资评价问题。在第 1 章中已经提到，中国是一个典型的能源消费结构以煤为主的国家，煤炭消费比重接近 70%。电力生产是煤炭的主要用途之一，电力部门因火电（尤其是煤电）所占比例过大，在化石能源使用所产生的 CO_2 排放中所占比例为 49.91%（IEA，2009）。煤炭的高排放强度给中国带来巨大的减排压力。

CCS 技术可以保证中国继续使用煤炭等化石能源并减少温室气体排放，是十分有潜力的减排技术方案。重点考察 2010～2030 年这段减排较为关键的时期，上述不确定因素存在下，国内某个发电企业投资 CCS 技术可以带来的成本节约收益

价值和相应可以减少的碳排放，同时通过情景分析来讨论不同参数变化对电力企业投资 CCS 的影响。2007 年中国火电发电量为 2 722 930×10⁶kWh，本章主要考察对象为发电企业，所以这里将替代发电量设为发电总量的 1%。

2.3.1　模型参数

模型中参数的设定和解释见附录 1。数据主要来自中国统计年鉴，中国能源统计年鉴，其他 CCS 相关研究的设定以及我们调查估计所得[①]。模型的求解基于 LSM 方法，首先需要模拟现有火电成本、碳价格、采用 CCS 技术的火电成本以及技术转化投资的变化路径，图 2-2 显示了不同路径下现有火电发电成本 P_F 和剩余技术

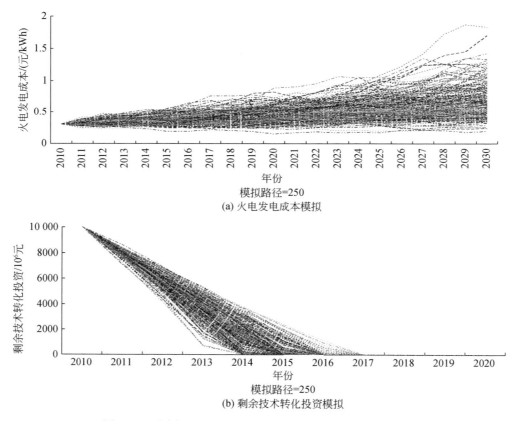

图 2-2　不同路径下火电发电成本和剩余技术转化投资模拟

---

① 因为 CCS 技术尚未投入使用，许多具体数据无法直接获得，作者根据调查和类比估计了部分参数，所以有些数据可能会有偏差。

转化投资 K 的变化。大样本随机路径的 Monte-Carlo 模拟可以模拟各种可能的成本变化结果，有助于更好的在模型中量化不确定性对 CCS 成本节约收益价值的影响。

图 2-3 是某条路径下的现有火电成本 P_F、碳价格 P_C 以及采用 CCS 火电成本 P_S 变化情况。模型中 P_S 是一个受控随机运动过程，一方面受到研发投入的影响，另一方面也受到 P_F 变化的影响。虽然 P_S 可以通过研发和技术学习不断下降，但是采用 CCS 技术会额外消耗能源，其发电成本是始终高于现有火电的。由图 2-3 可见，P_S 在下降到一定水平之后，其变化与 P_F 变化趋同，但始终高于 P_F。

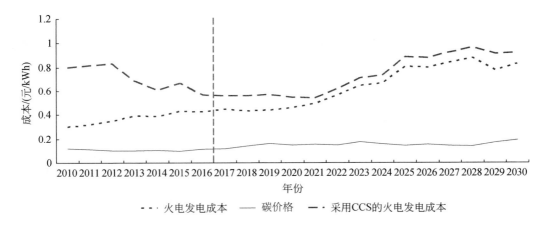

图 2-3 某条模拟路径上的火电发电成本、碳价格和采用 CCS 的火电发电成本

图 2-4 为某条路径上 CCS 每期的期望成本节约价值和现金流变化情况。不同路径中，每期的发电成本和碳价格不同，因此成本节约收益的现金流也是不同的。

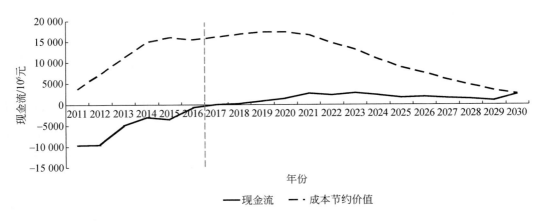

图 2-4 某条模拟路径上 CCS 每期的现金流和成本节约价值

本章模型考察的是特定时期内采用 CCS 技术的成本节约收益价值，2030 年为考察期的最后一期。在 CCS 的投资转化期未结束时，项目不产生现金流，本期现金流只作为下期是否继续投资 CCS 技术的参考。技术投资转化未完成时 CCS 成本节约收益的价值采用的是 LSM 方法回归得到的期望价值（详见模型描述）。从图 2-4 可以看出，因为期初 CCS 发电成本较高，并且碳价格存在不确定性，在转化投资期间，CCS 的现金流为负值，转化投资结束后，现金流逐渐为正值。

2.3.2 模型情景设置

为了分析相关因素变化对 CCS 成本节约价值的影响，模型中一共设计了 4 大类共 19 种子情景：

情景 1 考虑了三种情景，主要考察碳税变化对 CCS 成本节约收益价值的影响，情景 1A 为基准碳税情形，情景 1B 和情景 1C 中初始碳税设置分别在情景 1A 基础上增加了 25% 和 50%。

情景 2 考虑了三种情景，主要考察在存在碳税时增加研发投入对 CCS 成本节约收益价值的影响，情景 2A、2B 和 2C 中研发投入分别在基准研发投入基础上增加了 10%，20% 和 30%。

情景 3 考虑了四种子情景，主要考察政府发电补贴对 CCS 成本节约收益价值的影响，政府发电补贴可以直接减少企业采用 CCS 技术之后的发电成本支出，这里仍然将情景 1A 作为基准情景，情景 3A、3B 和 3C 中采用 CCS 技术后政府的发电补贴分别为 0.04 元/kWh、0.06 元/kWh 和 0.08 元/kWh。情景 3D 中的发电补贴为 0.004 元/kWh，这主要是为了与情景 2F 中的结果进行比较。

情景 4 考虑了四种情景，主要考察增加研发投入和增加替代发电量共同作用对 CCS 成本节约收益价值的影响，情景 4A 的研发投入和替代发电量分别在基准情境下增加 10% 和 20%，情景 4B 分别增加 30% 和 20%，情景 4C 分别增加 10% 和 100%，情景 4D 分别增加 30% 和 100%。

具体情景参数设置见表 2-1。将上述情景分别代入模型，采用 LSM 方法求解后计算得到不同情景下 CCS 成本节约收益价值。

表 2-1 情景与参数设置

情景		发电容量	CO_2 成本	CO_2 成本（固定）	总部署成本	研发费用	政府研发支出	发电补贴
单位		10^6 kWh	元/kWh	元/kWh	10^6 元/年	10^6 元/年	10^6 元/年	元/kWh
基准情景+碳税	Case 1A	25 000	0.12	—	10 000	1000	—	—
	Case 1B	25 000	0.15	—	10 000	1000	—	—
	Case 1C	25 000	0.18	—	10 000	1000	—	—
	Case 1D	25 000	—	0.12	10 000	1000	—	—
	Case 1E	25 000	—	0.15	10 000	1000	—	—
	Case 1F	25 000	—	0.18	10 000	1000	—	—
碳税+增加研发投入	Case 2A	25 000	0.12	—	10 000	1100	—	—
	Case 2B	25 000	0.12	—	10 000	1200	—	—
	Case 2C	25 000	0.12	—	10 000	1300	—	—
	Case 2D	25 000	0.12	—	10 000	1100	100	—
	Case 2E	25 000	0.12	—	10 000	1200	200	—
	Case 2F	25 000	0.12	—	10 000	1300	300	—
碳税+发电补贴	Case 3A	25 000	0.12	—	10 000	1000	—	0.04
	Case 3B	25 000	0.12	—	10 000	1000	—	0.06
	Case 3C	25 000	0.12	—	10 000	1000	—	0.08
	Case 3D	25 000	0.12	—	10 000	1000	—	0.004
碳税+提高发电容量	Case 4A	30 000	0.12	—	12 000	1000	—	—
	Case 4B	35 000	0.12	—	14 000	1000	—	—
	Case 4C	50 000	0.12	—	20 000	1000	—	—

2.3.3 模拟结果与分析

对于每种情景，我们取了五组数据，每组均生成 1000 条路径，计算得到五组模拟结果。以情景 1A 为例，由计算结果可以看出（图 2-5），情景 1A 中 CCS 成本节约收益价值介于 9.3 亿～11.4 亿元之间，平均值为 10.2 亿元；CCS 项目投资被放弃的比例介于 28.62%～29.60% 之间，平均值为 29.15%；相应的 CO_2 减排量介于 2.10 亿～2.12 亿 t CO_2 e 之间，平均值为 2.1 亿 t。基准情景下有接近 30% 的路径上 CCS 投资被放弃，说明 CCS 的投资风险较高。

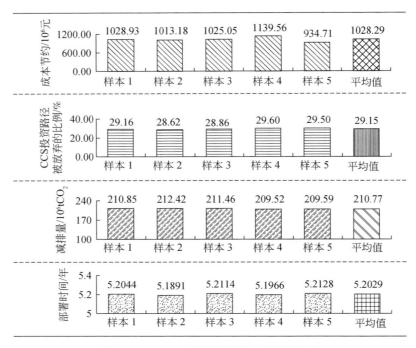

图 2-5　Case 1A 下不同组样本的计算结果

接下来计算不同情景下投资 CCS 技术后成本节约收益的价值和相应的减排量，以及 CCS 投资被放弃的比例。

2.3.3.1　情景 1

情景 1 考察两种碳价格机制下（固定和浮动）碳税水平变化对 CCS 成本节约收益价值的影响，结果见图 2-6。

在浮动碳价格机制下，随着初始碳税水平的不断提高，投资 CCS 技术的成本节约价值也相应越大（情景 1B 较情景 1A 的成本节约价值提高了 541.02%，情景 1C 较情景 1B 提高了 92.45%）。此外，碳税增加能相应增加 CO_2 减排量（情景 1B 较情景 1A 中减排量增加了 16.94%%，情景 1C 较情景 1B 增加了 10.65%），增加幅度小于 CCS 成本节约价值增幅。碳税增加能显著增加 CCS 成本节约收益价值以及相应的 CO_2 减排量。并且随着初始碳税水平的提高，CCS 在投资期间被放弃的比例也不断减少（情景 1B 中被放弃的比例为 21.81%，情景 1C 中为 16.68%），投资风险相应降低。随着碳税的提高，电力企业投资 CCS 的风险也大幅降低，这无疑会增加电力企业投资 CCS 的积极性。

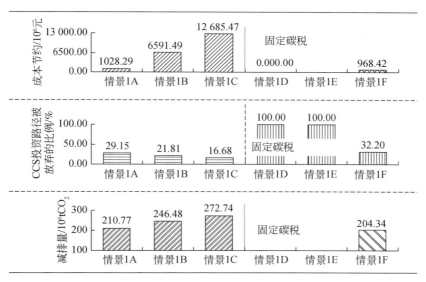

图 2-6　情景 1 基准情景+碳税计算结果

在固定碳价格机制下，尽管固定碳价格水平与浮动价格机制下初始碳价格水平相同，相比情景 1A 和 1B，在同样碳价格水平下，情景 1D 和 1E 中 CCS 成本节约价值为 0。在情景 1F 中，CCS 成本节约价值和减排量为 9.7 亿元和 2.0 亿 t CO_2 e，相对情景 1C 的结果要小了很多，甚至小于情景 1A。情景 1F 中 CCS 投资路径被放弃的比例为 32.20%，大于情景 1A～1C 的结果。所以从结果比较中可以看到，在固定碳价格机制下，如果固定碳价格设置和浮动机制下的初始价格设置在同一水平，那么投资者投资 CCS 的兴趣将会大为减少，因此固定碳价格机制下的碳价格水平需要高于浮动碳价格机制下的水平才可以使得投资者对于投资 CCS 的兴趣不变（情景 1F 的结果接近情景 1A 的结果，其固定碳价格水平为 0.18 元/kWh，而在情景 1A 中初始碳价格水平为 0.12 元/kWh）。实物期权理论有一个很重要的特点就是其可以考虑不确定因素对项目估值的影响，未来不确定因素会增加 CCS 项目的投资价值从而使得投资更具有吸引力。所以，通过比较可以得到，浮动碳价格机制可以更好的反映气候政策的不确定性并促使电力企业投资 CCS 技术。

2.3.3.2　情景 2

情景 2 考察研发投入变化以及政府研发补贴对 CCS 成本节约收益价值的影响，结果见图 2-7。随着研发投入增加水平的不同，所带来的效果是不同的。

情景 2A 较情景 1A 的 CCS 成本节约价值有所降低（情景 1A 为 10.28 亿元，情景 2A 为 8.03 亿元），但是情景 2B 和情景 2C 中 CCS 成本节约价值大幅下降（情景 2B 中为 5.25 亿元，情景 2C 为 3.26 亿元），在本章中，研发投入被算入电力企业的投资成本，尽管增加研发投入会加速 CCS 发电成本下降，但因为研发投入增加对 CCS 成本下降的边际作用递减，所以研发投入增加会减少电力企业投资 CCS 带来的成本节约收益价值。增加研发投入会相应降低 CCS 投资被放弃比例和增加 CO_2 减排量，但影响幅度很小（情景 2A 和 2B 中放弃 CCS 投资的比例分别为 29.14% 和 29.01%，情景 1A 为 29.15%；情景 2B 较情景 1A 的 CO_2 减排量增加了 0.01%，情景 2C 较情景 1A 增加了 0.10%）。因为本章设定的研发投入边际效用递减，研发投入增加对降低 CCS 投资风险和 CO_2 减排量的影响有限。

接下来讨论政府研发补贴的影响。如果政府对增加部分的研发投入进行补贴，情景 2D ~ 2F 中的 CCS 成本节约价值以及 CO_2 减排量均大于情景 1A（成本节约价值在情景 2D ~ 2F 中分别为 11.54 亿，11.74 亿和 12.14 亿元，相应的 CO_2 减排量为 2.12 亿、2.14 亿和 2.13 亿 t CO_2 e），并且 CCS 投资风险（路径被放弃比例）也均低于情景 1A（路径被放弃比例在情景 2D ~ 2F 中分别为 25.84%、27.98% 和 28.30%）。这说明如果政府对企业的 CCS 研发支出进行补贴，会增加企业投资 CCS 的兴趣，但是政府研发补贴起到的效果是远远小于碳价格机制的。所以从情景 2A ~ 2F 的结果看，增加研发支出对 CCS 投资风险降低和减排的影响有限。

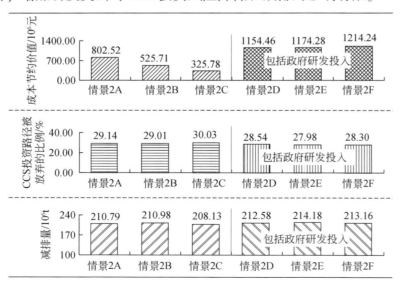

图 2-7　情景 2 碳税+增加研发投入计算结果

2.3.3.3　情景 3

情景 3 考察政府发电补贴对 CCS 成本节约收益价值的影响，结果见图 2-8。

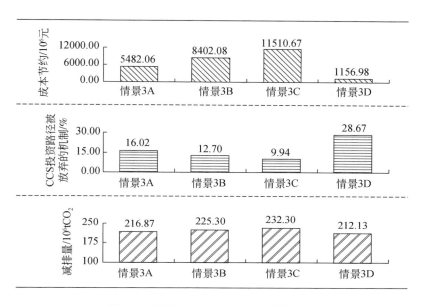

图 2-8　情景 3 碳税+发电补贴计算结果

增加政府发电补贴可以直接增加企业成本节约收益的现金流，从而增加投资 CCS 成本节约收益价值和相应的 CO_2 减排量。这在很大程度上弥补了投资期间的转化投资和研发投入。与情景 1A ~ 1C 的结果类似，尽管增加发电补贴可以增加 CO_2 减排量，但是增加幅度要远远小于 CCS 成本节约价值，并且增加幅度递减。在情景 3B 中 CO_2 减排量较情景 3A 增加了 3.89%，而情景 3C 较情景 3B 仅增加了 3.11%。

增加发电补贴可以降低放弃 CCS 投资的比例（情景 3A、情景 3B 和情景 3C 中放弃 CCS 投资的比例分别为 16.02%、12.70%、和 9.94%，均较情景 1A 的 29.15% 有所降低），所以增加采用 CCS 的发电补贴同样可以有效降低 CCS 投资风险。增加发电补贴对 CCS 投资的促进作用与碳税类似，都十分明显。

同样是政府补贴，如果给定总的额度，那么政府补贴研发支出的效果要略好于直接补贴发电。考虑到政府研发补贴只在 CCS 部署期间发挥作用以及发电补贴只在 CCS 运营期间发挥作用，因此将两种政策工具下的补贴总额设置在同一水平，在情景 2F 中，政府的投入约为 3 亿元/a，以 5 年的平均部署时间算，总的补贴额度为 15 亿元。在情景 3D 中，以 15 年的平均运营时间计算，发电补贴应为 0.004元/kWh，这样总的额度与情景 2F 中的水平相当。结果显示给定同样的总补贴额度支出，政府对研发投入进行补贴的效果要略好于直接补贴发电（情景 3D 中 CCS 成本节约价值为 11.6 亿元，略小于情景 2F 中的 12.1 亿元；情景 3D 中路径被放弃的比例为 28.67%，略大于情景 2F 中的 28.30%）。

2.3.3.4　情景 4

情景 4 考察发电量变化对 CCS 成本节约收益价值的影响，结果见图 2-9。

增加采用 CCS 的火电发电量可以在一定程度上增加 CCS 成本节约的现金流，并且增加成本节约价值和 CO_2 减排量。但是相应的部署成本也将随之提高，所以增加 CCS 发电量并不会降低 CCS 的投资风险，甚至投资风险还会有小幅提升（情景 4A ~ 4C 中的路径被放弃比例分别为 29.35%、29.39% 和 29.63%，均大于情景 1A 中的 29.15%）。所以，增加 CCS 发电量对 CCS 发展的推动作用要小于碳税机制和发电补贴。

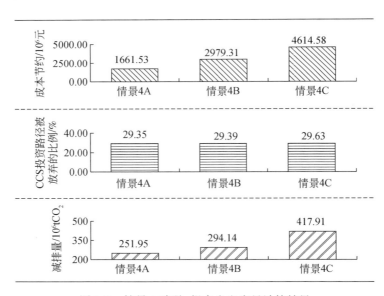

图 2-9　情景 4 碳税+提高发电容量计算结果

2.4 本 章 小 结

本章运用实物期权理论, 将 CCS 技术看作一个投资期权, 综合考虑了现有火电发电成本、碳价格及 CCS 发电成本的不确定性, 并结合 CCS 技术本身的不确定性, 对电力企业投资 CCS 技术建模。应用该模型分析了 CCS 在中国的投资价值, 以及对相关政策的敏感程度。

由计算结果可以看出, 首先, CCS 技术的投资风险较高, 在所有的不确定因素中, 气候政策对 CCS 技术发展影响最大, 这点直接反映在模型中碳税提高可以有效降低 CCS 技术的投资风险上。对于中国等发展中国家来说, CCS 技术发展的必要条件之一就是对火电等排放部门征收碳税。其次, 当研发投入全部由企业承担时, 增加研发投入可能会对电力企业投资 CCS 技术起到一定反作用。此外, 增加替代发电量也不足以有效降低 CCS 技术投资风险, 并且多种促进 CCS 技术投资的手段混合使用效果存在很大差异。

模型是从电力企业角度来评价对 CCS 技术的投资, 模型的分析具有很重要的政策启示。通过变化相关参数, 模型可以被用来评估不同的气候变化政策机制对 CCS 投资的影响, 一方面可以为电力企业对 CCS 技术的投资评价提供帮助, 另一方面也可以为政府制定 CCS 相关政策时提供一定参考。政府需要在减少温室气体排放和保护电力企业利益方面做出权衡, 根据情景分析, 如果要促进电力企业对 CCS 的投资, 以下几点是政府在制定 CCS 政策时需要考虑的:

(1) 碳税水平的设置。碳税的高低是企业投资 CCS 时最为关注的问题, 碳税太低, 对 CCS 促进效果有限; 碳税太高, 可能会大幅增加电力用户的用电成本, 导致社会福利损失。较为合理的碳税水平应略高于采用 CCS 的火电与现有火电之间的发电成本差。

(2) 对企业 CCS 技术研发的补贴。作为一项新技术, 电力企业维持稳定合理的 CCS 技术研发投入水平十分重要, 但研发投入全部由企业负担会增加 CCS 技术的投资成本从而影响企业投资 CCS 技术的积极性。政府可以为 CCS 技术相关研发提供一定补贴, 以帮助企业提高对 CCS 的投资积极性。具体措施可以通过对政府所收取的碳税进行转移支付来实现。并且从计算结果可以看到, 对于给定等量的总补贴额度，直接补贴发电的效果要弱于研发补贴。

（3）对不同 CCS 政策工具的组合使用。不同政策工具组合使用也许不一定能取得更好的效果，同时增加研发投入和采用 CCS 技术的发电量所带来效果的并没有单独增加采用 CCS 技术的发电量的效果直接。在不同的 CCS 技术发展情况下政府需要有所侧重。企业在采用 CCS 技术的火电发电量较低时，政府应侧重对企业 CCS 技术研发的补贴以帮助降低 CCS 技术投资成本；而当火电大规模采用 CCS 技术后，政府可以减少 CCS 技术研发补贴，而更加注重对碳税机制的调节，以达到更好的减排效果。

CCS 是一种具有很高不确定性的未来减排技术，我们的模型仍然存在局限。首先，因为缺少 CCS 的实际运营数据，模型中很多数据是来自估计，难免对结果造成影响；其次，模型未考虑 CCS 技术运营过程中的柔性，将替代发电量设为常数，而在实际运营过程中，电力企业完全可以根据市场变化来实时调整采用 CCS 技术的火电发电量；再次，模型没有考虑 CCS 技术与可再生能源发电技术的竞争，仅考虑了现有火电与 CCS 火电的替代；此外，本章将考察期设为 2011～2030 年，但是因为气候政策的不确定性，CCS 技术也许并不能在此期间得到大规模发展；影响 CCS 技术投资的其他不确定性还有很多，而我们仅考虑了与 CCS 技术经济性评价最为相关的四种。这些问题都需要在接下来的工作中继续研究。

|第3章| 燃煤电厂的 CCS 改造投资建模与评价

本章针对已投入运营的超临界燃煤电厂进行 CCS 改造的投资决策问题，将 CCS 改造看作一个投资期权，基于实物期权理论建立了一个离散的序贯投资决策的估值模型。模型综合考虑了现有火电发电成本、碳价格及 CCS 投资和捕获成本的不确定性，并加入了企业在 CCS 改造投资完成后的运营柔性。模型同样采用 LSM 方法求解。我们从成本节约投资价值、投资风险、相应的减排量、运营后平均捕获率这四个角度分析了中国某已投入运营的超临界电厂进行 CCS 改造的投资决策。从对捕获相关参数的分析可知，CCS 捕获成本水平是影响企业投资 CCS 改造最关键的因素；现有的技术水平和政策框架不足以促进企业对现有超临界电厂进行 CCS 改造投资，如果要将 CCS 改造投资风险控制在 5% 以下，相应的碳价格或者捕获补贴水平均较高。本章模型具有很好的适用性，可以为电力企业投资 CCS 改造现有燃煤电厂提供决策支持。

3.1 引　言

理论上说，所有的燃煤电厂都可以改造加装 CCS 设备。对于新建燃煤电厂来说，有两个技术选择：现在占主导的煤粉电厂技术和整体煤气化联合循环发电技术。如果不考虑 CO_2 排放限制，这两种发电技术的效率和成本是十分类似的 [超临界和超超临界电厂发电效率和煤耗已经十分接近整体煤气化联合循环发电（IGCC）电厂]。IGCC 的工程设计使得其可以在一个较低的成本水平上进行 CCS 改造，因此对于 CCS 在未来中国电力部门应用的讨论中，有学者认为中国应该通过新建带 CCS 的 IGCC 电厂来替换现有火电厂，以实现煤炭发电的近零排放（Williams，2001）。

我们认为依靠 IGCC 技术实现中国煤炭近零排放并不现实。因为煤炭发电技术的路径依赖，近年来国内投资新建的电厂多为超临界和超超临界电厂。2009 年中国总火电装机占中国总装机容量的 74.5%，发电量占到当年发电总量的 80.48%。并且火电发展速度近年来也没有减缓，2009 年火电新增装机为 65 857.6MW，占新增装机总量的 68.12%（中国电力年鉴编辑委员会，2010）。随着火电"上大压小"政策的实施，2009 年国内已经有超过 300 台装机 600MW 以上的超临界和超超临界机组正在运营，这类机组的总装机容量已占到全部火电装机容量的 30%。这部分机组都是在 2000 年之后投资建设的，至少还有好几十年的运营寿命。粗略估算，如果国内已有超临界和超超临界机组可以完成 CCS 改造，按平均捕获率 80% 计算，每年可以减少中国温室气体排放约 8.3 亿 t，占中国 2009 年温室气体排放总量的 12.16%。尽管改造现有燃煤机组加装 CCS 技术的成本要超过新建带 CCS 技术的 IGCC 机组，但是考虑到已投入运营机组数量和运营寿命，已有超临界和超超临界机组的减排潜力不容忽视。

考虑到 CCS 存在的诸多不确定因素，期权方法可以很好地刻画不确定条件下的技术投资问题。在本书第 2 章研究的基础上，本章研究了已投入运营的超临界燃煤电厂进行 CCS 改造的投资决策问题，模型基于 Zhu 和 Fan（2011）建立的将序贯投资决策与 Monte-Carlo 模拟相结合，考察成本节约现金流的 CCS 投资评价模型。模型综合考虑了现有火电发电成本、碳价格及 CCS 投资和捕获成本的不确定性，并加入了企业在 CCS 改造投资完成后的运营柔性。模型采用 LSM 方法求解。我们从成本节约投资价值、投资风险、相应的减排量、运营后平均捕获率这四个角度分析了中国国内某已投入运营的超临界电厂进行 CCS 改造的投资决策，为电力企业投资 CCS 技术改造现有燃煤电厂提供决策支持。

因为研究对象的不同，本章在模型方法上进行了一些改进。首先，在研究范围上，与第 2 章的研究建立在中国电力部门 10% 的发电量替换为带 CCS 发电不同，本章研究对象集中在已投入运营电厂的 CCS 改造投资决策，模型可以纳入发电机组的相关技术参数。其次，第 2 章考虑的是带 CCS 火电发电成本的不确定性，对采用 CCS 技术后电厂运营成本的刻画相对笼统，本章将 CCS 改造后的电厂运营成本分为发电成本、电厂发电效率损失和 CCS 捕获成本三个部分，并考虑了 CCS 捕获成本的不确定性。最后，本章考虑了电厂在加装 CCS 技术之后的运营柔性，即可以选择全捕获或者部分捕获，进而考察不同政策环境下电厂进行 CCS 投资改造之后的捕获意愿，而在第 2 章中并没有考虑改造完成后企业所拥有的运营柔性。

3.2 模 型 描 述

这里同样将 CCS 技术看作一个序贯投资的复合期权，考虑火电发电成本、碳价格、CCS 捕获成本以及 CCS 技术改造投资四种不确定性。估值模型是建立在成本节约现金流基础上的，考察的是现有火电与火电加装 CCS 技术后的成本节约效应，建模目的是通过改造 CCS 带来的额外性收益来评价 CCS 改造的额外性投资。

我们的研究对象是中国某个已投入运营的采用超临界机组的燃煤火电厂，企业面临的决策问题是是否进行 CCS 的改造投资。模型中成本节约效应的考察期可以分为两个部分：一是完成 CCS 项目投资所需要的阶段；二是投资结束后电力企业获得成本节约收益现金流直到电厂寿命终止的阶段。电力企业在投资阶段可以选择放弃期权，在转化投资的每一期，需要对正在投资的项目作出重新评估，以决定是否继续投资。当某阶段所需的投资额高于考察期内预期的 CCS 项目成本节约总收益时，企业会执行放弃期权终止该 CCS 项目以避免更大的损失。假设现有超临界火电厂的剩余运营寿命为 T 年，为估值我们将 T 年分为 N 期，每期的长度为 $\Delta t = T/N$，并且设定 $t_n = n\Delta t$，$n = 0$，1，$\cdots N$。

3.2.1 成本节约收益估值建模

在燃煤电厂近零排放要求的限制下，如果现有电厂不加装 CCS 设备，则每期需要付出的发电总支出为

$$\mathrm{Cost}_{\mathrm{F}}(t_i) = P_{\mathrm{F}}(t_i) \cdot q(t_i) + P_{\mathrm{C}} \cdot \mathrm{Em}(t_i) \tag{3-1}$$

其中，P_{F} 为现有火电的发电成本，单位为元/kWh；P_{C} 为现有火电的发电排放税（碳价格），单位为元/t CO_2；$q(t_i)$ 为每期的发电量，$q(t_i) = X \cdot \mathrm{cap} \cdot \mathrm{avai} \cdot h(t_i)$；$X$ 是火电机组的装机容量，单位为 kW；cap 为机组容量因子；avai 为机组可用因子；$h(t_i)$ 为机组年发电小时数；$\mathrm{Em}(t_i)$ 为等量发电水平下，现有火电产生的碳排放，单位为 t，$\mathrm{Em}(t_i) = \mathrm{ef} \cdot q(t_i)$；ef 为原有火电的排放因子，单位为 t CO_2/kWh。

电厂加装 CCS 设备后，每期需要付出的发电支出为

$$\text{Cost}_S(t_i) = \left[P_F(t_i) \cdot (1+l) \right] \cdot q(t_i) + P_S(t_i) \cdot \text{cr} \cdot \text{Em}(t_i) + (1-\text{cr}) \cdot P_C \cdot \text{Em}(t_i)$$

(3-2)

其中，P_S 表示采用 CCS 的捕获成本，单位为元/t CO_2；cr 是 CCS 技术的捕获率。对于现有超临界电厂的 CCS 改造，主要采用燃烧后捕获技术，其成本包括两个部分，捕获成本和发电成本。采用 CCS 会额外消耗能源，捕获 CO_2 需要额外消耗厂用电，导致发电效率的下降，因此加装 CCS 的火电发电成本为原有火电成本加上效率损失，即 $P_F(t_i) \cdot (1+l)$。其中 l 为加装 CCS 后电厂捕获 CO_2 带来的发电效率下降比率，发电效率下降比例与 CCS 的捕获率相关。

电厂加装 CCS 设备后，在运营过程中的每一期都具有运营柔性，即可以根据不同的碳税水平，选择不同的捕获水平，来最小化发电的成本支出。本章设置了两种捕获水平，即全捕获（$\text{cr}_1 = \text{cr}$）和半捕获（$\text{cr}_2 = 1/2\text{cr}$）。假设发电效率与捕获水平呈线性相关，相应的发电效率比例下降幅度变化为：全捕获 $l_1 = l$，半捕获 $l_2 = 1/2l$。在最小成本支出条件下，电厂加装 CCS 后的每期发电支出可以改写为

$$\text{Cost}_S(t_i) = \min_{u \in \{1,2\}} \left\{ \begin{array}{l} \left[P_F(t_i) \cdot (1+l_u) \right] \cdot q(t_i) + P_S(t_i) \cdot \text{cr}_u \cdot \text{Em}(t_i) \\ + (1-\text{cr}_u) \cdot P_C \cdot \text{Em}(t_i) \end{array} \right\}$$

(3-3)

在给定的考察期 T 内，如果电力企业完成了 CCS 技术的投资，在碳税存在的条件下，则采用 CCS 技术后的发电与现有火电之间的成本节约现金流可以表示为

$$\text{Cash}(t_i) = \text{Cost}_F(t_i) - \text{Cost}_S(t_i)$$

(3-4)

在投资结束后，在电厂运营期间的任一期 t_i，企业采用带 CCS 技术的火电运营价值为从 t_i 期开始到观察期结束所有各期现金流的折现加总，即

$$V_{\text{CCS}}(t_i) = \sum_{n=i}^{N} e^{-r(t_n - t_i)} \text{Cash}(t_n)$$

(3-5)

其中，r 为折现率。

在期权分析框架中，在 CCS 所需投资尚未完成的阶段，电力企业拥有放弃期权，在投资完成的时刻 τ，放弃期权价值等于项目价值：

$$F_{\text{CCS}}(\tau) = V_{\text{CCS}}(\tau)$$

(3-6)

在投资尚未完成期间的任一期 t_i，当某阶段所需的投资额高于考察期内预期的 CCS 项目成本节约总收益时，企业会执行放弃期权终止该 CCS 项目以避免更大损失。在投资尚未完成阶段的任一时期，电力企业拥有的投资机会价值为 $F_{\text{CCS}}(t_i)$，

取决于 CCS 投资项目完成后的成本节约效应可以带来的预期现金流和期望完成 CCS 项目的所有投资，还有给定的考察期间。在投资期 t_i，企业所拥有的放弃期权的价值为

$$F_{\text{CCS}}(t_i) = \max\left\{0,\ E_{t_i}\left[\mathrm{e}^{-r(t_{i+1}-t_i)} F_{\text{CCS}}\left(t_{i+1}\right)\right] - I_{\text{CCS}}(t_i)\right\} \tag{3-7}$$

其中，I_{CCS} 表示 CCS 改造投资期内每期所需要的投资；$E_{t_i}\left[\mathrm{e}^{-r(t_{i+1}-t_i)} F_{\text{CCS}}\left(t_{i+1}\right)\right]$ 表示在 t_i 期，电力企业继续持有放弃期权的期望价值。因为 CCS 项目的投资额较大，一旦被放弃，电力企业一般不会重新再启动，因此假设项目被放弃，电力企业就永远不会再重新启动该项目投资。

3.2.2 投资不确定性因素建模

3.2.2.1 火电发电成本、捕获成本、碳价格

现有火电发电成本分为可变成本和固定成本两部分，其中可变成本（燃料成本）占了很大份额。因此我们用燃煤价格的不确定性来反映火电发电成本的不确定性。

对于燃煤电厂近零排放的要求，需要有政策配套措施，本章中考虑了对燃煤电厂的碳排放征税。碳排放税（碳税）是排放单位温室气体的价格，可以被理解为是电力企业对其所造成的排放所付出的代价，而电力企业采用 CCS 技术后可以避免因采用化石能源发电而需要付出的额外代价。

燃烧后捕获主要通过化学吸附原理实现，因此捕获成本主要是化学试剂的消耗。我们没有考虑 CO_2 埋存部分的成本。捕获成本的变化与化工产品市场密切相关。

这里假设现有火电发电成本、碳价格、捕获成本均服从几何布朗运动，出于估值的考虑，我们分别用三个风险中性过程来表示发电成本和碳价格的变化：

$$P_{\text{F}}(t_{i+1}) = P_{\text{F}}(t_i) \exp\left[\left(\alpha_{\text{F}} - \frac{1}{2}\sigma_{\text{F}}^2 - \lambda_{\text{F}}\right)\Delta t + \sigma_{\text{F}}\left(\Delta t\right)^{1/2}\varepsilon_{\text{F}}\right] \tag{3-8}$$

$$P_{\text{C}}(t_{i+1}) = P_{\text{C}}(t_i) \exp\left[\left(\alpha_{\text{C}} - \frac{1}{2}\sigma_{\text{C}}^2 - \lambda_{\text{C}}\right)\Delta t + \sigma_{\text{C}}\left(\Delta t\right)^{1/2}\varepsilon_{\text{C}}\right] \tag{3-9}$$

$$P_{\text{S}}(t_{i+1}) = P_{\text{S}}(t_i) \exp\left[\left(\alpha_{\text{S}} - \frac{1}{2}\sigma_{\text{S}}^2 - \lambda_{\text{S}}\right)\Delta t + \sigma_{\text{S}}\left(\Delta t\right)^{1/2}\varepsilon_{\text{S}}\right] \tag{3-10}$$

其中，$(\Delta t)^{1/2}\varepsilon_F$、$(\Delta t)^{1/2}\varepsilon_C$、$(\Delta t)^{1/2}\varepsilon_S$ 为维纳过程的增量；ε_F、ε_C、ε_S 为均值为 0，标准差为 1 的正态分布随机变量；α_F 和 σ_F 分别为现有火电成本的漂移参数和标准差参数；α_C 和 σ_C 为分别为碳价格的漂移参数和标准差参数；α_S 和 σ_S 分别为采用 CCS 的捕获成本漂移参数和标准差参数；λ_F、λ_C、λ_S 分别为与现有火电发电成本、碳价格、捕获成本相关的风险溢价。考虑到捕获成本长期来看是下降的，我们为捕获成本设置了一个最低限值 P_{SL}，在模拟中，如果某一期的 $P_S(t_i) \leqslant P_{SL}$，则 $P_S(t_i) = P_{SL}$。

3.2.2.2 CCS 投资成本

电力企业在投资 CCS 技术时，期初现有火电加装 CCS 装置所需要的期望总投入成本为 K_{CCS}，电厂加装 CCS 的投资主要包括原有烟道改造，CO_2 捕获装置，压缩装置和部分运输管道。总的剩余转化成本在第 t_i 期为 $K_{CCS}(t_i)$。每期所需要的投资为 I_{CCS}。假设剩余转化成本 K_{CCS} 是不确定的，用来表示 CCS 技术本身的不确定性。K_{CCS} 服从可控扩散过程：

$$K_{CCS}(t_{i+1}) = K_{CCS}(t_i) - I_{CCS}(t_i)\Delta t + \beta [I_{CCS}(t_i)K_{CCS}(t_i)]^{1/2}(\Delta t)^{1/2}\varepsilon_K \quad (3\text{-}11)$$

其中，β 是一个规模参数，代表围绕着 K_{CCS} 的不确定性的大小，CCS 技术不确定性随着 K_{CCS} 的减少而降低，反映了 CCS 投资过程中的技术学习；$(\Delta t)^{1/2}\varepsilon_K$ 为维纳过程的增量；ε_K 为均值为 0，标准差为 1 的正态分布随机变量，假设 $(\Delta t)^{1/2}\varepsilon_K$ 与市场组合无关，即 CCS 改造投资成本不存在风险溢价（Schwartz，2004）；K_{CCS} 的方差为 $\mathrm{Var}(K_{CCS}) = \left(\dfrac{\beta^2}{2-\beta^2}\right)K_{CCS}^2$（Dixit and Pindyck，1994；Schwartz，2004）。

因为 K_{CCS} 是不确定的，所以完成投资所需的时间也是不确定的，只有当项目投资完成后才能知道实际的投资建设期和全部的投资成本，$\sum\limits_{i=0}^{\tau} I_{CCS}(t_i)$，$\tau$ 为现有电厂加装 CCS 技术的改造投资实际完成时间。

3.2.3 模型求解

为计算项目在各个时期的投资期权价值，需要估算式（3-7）。参考 Zhu 和 Fan（2011）给出的求解方法，我们同样采用 LSM 方法来计算 CCS 投资中的期权期望价值 $E_{t_i}[e^{-r(t_{i+1}-t_i)}F_{CCS}(t_{i+1})]$ 以及项目价值，LSM 是一种基于 Monte-Carlo 模拟和最小二乘的美式期权求解方法（Longstaff and Schwartz，2001）。在 CCS 投资尚未完成时，电力企业拥有放弃期权，在每一个离散点上，企业都会作出决策是否需要执行放弃期权。具体计算方法见 Zhu 和 Fan（2011）。

我们不仅计算了现有超临界机组 CCS 改造投资带来的成本节约价值，为了从不同的角度来考察 CCS 改造投资决策，在 Zhu 和 Fan（2011）计算不同路径上采用 CCS 技术之后可以减少的温室气体排放的基础上，我们还计算了不同路径上采用 CCS 技术之后的平均捕获率，以此表征企业在 CCS 运营过程中的捕获意愿。假设 τ_g 为某条路径上电力企业完成 CCS 投资的时点，那么该路径上考察期内采用 CCS 技术可以达到的减排量为

$$ER(g) = \sum_{n=\tau_g+1}^{N} cr(t_n) \cdot Em(t_n) \tag{3-12}$$

其中，$ER(g)$ 为该路径的总减排量。同样，该路径上考察期内采用 CCS 技术的平均捕获率为

$$CR(g) = \sum_{n=\tau_g+1}^{N} cr(t_n)/(N-\tau_g) \tag{3-13}$$

对所有路径的碳减排量和平均捕获率加总后求平均，便可以得到投资 CCS 技术后在考察期内的碳减排总量和企业在 CCS 运营中的捕获意愿。

3.3 案 例 分 析

3.3.1 模型参数

应用以上模型，我们讨论中国现有某个已投入运营的超临界火电机组加装 CCS 技术的投资评价。模型中估值涉及的参数和解释见附录 2。

3.3.2 计算结果

将参数带入模型后，计算得出结果，同时将该结果作为基准情景，具体见表 3-1。考虑到 Monte-Carlo 模拟的随机性，对于每组参数，我们均计算了五组样

本，对样本取平均后作为该组参数下的计算结果。由计算结果可以看出，在基准参数设定下，现有超临界机组进行 CCS 改造可以带来的成本节约收益价值介于 5.7 亿 ~ 6.0 亿元之间，平均值为 5.9 亿元；CCS 项目投资被放弃的比例介于 49.02% ~ 50.20% 之间，平均值为 49.47%，基准情景下有接近 50% 的路径上 CCS 投资被放弃，说明当前进行 CCS 改造投资风险较高；相应的 CO_2 减排量介于 1566 万 ~ 1600 万 t CO_2 当量之间，平均值为 1585 万 t；考虑到企业的运营柔性，在 CCS 改造完成后，企业可以根据市场情况选择全捕获（90%）或半捕获（45%）运营 CCS，在基准情景下，平均捕获率为 39.91%，说明在基准情景下，企业 CCS 改造完成后，总体捕获意愿不强。

表 3-1　Case 1A 中不同样本下 CCS 成本节约价值

含碳税的基准情景	结果					
	样本 1	样本 2	样本 3	样本 4	样本 5	平均值
成本节约价值/10^6 元	604.41	569.32	599.99	590.53	574.94	587.84
CCS 投资路径被放弃的比例/%	49.02	50.20	49.20	49.54	49.40	49.47
减排量/10^6 tCO_2	16.00	15.66	15.98	15.77	15.85	15.85
平均捕获率/%	40.34	39.41	40.15	39.77	39.87	39.91

3.3.3　CCS 成本敏感性分析

对于企业来说，采用 CCS 技术的相关成本是其对现有超临界火电进行 CCS 改造决策时关注的主要因素。这里首先对涉及 CCS 的相关成本参数（投资成本、初始捕获成本、捕获成本漂移率、捕获成本波动率）进行敏感性分析。对于 CCS 投资成本、捕获成本漂移率、捕获成本波动率，我们均考察其变化 25%、50% 和 75% 后对结果的影响，对于 CCS 初始捕获成本，我们则考察其变化 12.5%、25% 和 37.5% 后对结果的影响。结果见表 3-2。

表 3-2　进行 CCS 改造的成本敏感性分析

敏感性分析				
CCS 投资成本（总/每年）/10^6 元	1280/400	960/300	640/200	320/100
百分比变化/%	0.00	−25.00	−50.00	−75.00

续表

敏感性分析				
成本节约价值/10^6 元	587.84	772.30	924.94	1031.55
CCS 投资路径被放弃的比例/%	49.47	48.48	49.10	48.08
减排量/10^6 tCO_2	15.85	16.21	15.98	16.22
平均捕获率/%	39.91	40.72	40.27	41.06
捕获成本漂移率	−0.03	−0.0375	−0.045	−0.0525
百分比变化/%	0.00	25.00	50.00	75.00
成本节约价值/10^6 元	587.84	648.57	670.73	717.48
CCS 投资路径被放弃的比例/%	49.47	45.60	41.38	39.02
减排量/10^6 tCO_2	15.85	17.22	18.45	19.42
平均捕获率/%	39.91	43.25	46.55	48.81
捕获成本波动率/%	9.00	11.25	13.50	15.75
百分比变化/%	0.00	25.00	50.00	75.00
成本节约价值/10^6 元	587.84	572.77	623.73	684.95
CCS 投资路径被放弃的比例/%	49.47	47.54	46.54	46.16
减排量/10^6 tCO_2	15.85	16.49	16.82	17.11
平均捕获率/%	39.91	41.54	42.43	43.05
初始捕获成本/（元/t）	200	175	150	125
百分比变化/%	0.00	−12.50	−25.00	−37.50
成本节约价值/10^6 元	587.84	669.89	787.66	881.49
CCS 投资路径被放弃的比例/%	49.47	43.60	37.60	31.56
减排量/10^6 tCO_2	15.85	17.83	20.14	22.35
平均捕获率/%	39.91	44.94	50.53	56.10

从敏感性分析结果可以看到：第一，从投资价值上看，现有超临界火电 CCS 改造投资的成本节约价值对初始捕获成本的变化最为敏感，其次是投资成本。当初始捕获成本降低 25% 时，CCS 改造投资的成本节约价值增加了 33.99%，当投资成本降低 25% 时，成本节约价值增加了 31.38%。第二，从投资风险上看，现有超临界火电 CCS 改造投资的风险同样对初始捕获成本的变化最为敏感，其次是捕获成本变化率。当初始捕获成本降低 25% 时，CCS 改造投资风险降低了 24.00%，当捕获成本变化率增加 25% 时，CCS 改造投资风险降低了 7.83%。第三，从减排量和平均捕获率上看，这两个指标同样对初始捕获成本的变化最为敏感，其次是捕获成本变化率。我们在模型中加入了企业的运营柔性，即可以根据捕获成本与碳

价格水平确定进行全捕获（90%）还是半捕获（45%），我们用平均捕获率来反映企业投资 CCS 改造完成后的捕获意愿，而初始捕获成本的降低无疑会在很大程度上增加企业的捕获意愿。

比较投资成本和捕获成本相关因素，在变化同样幅度下，除 CCS 成本节约价值对投资成本变化较为敏感外，不管是投资风险、减排量还是平均捕获率，均对捕获成本及未来波动变化更为敏感。这主要是因为，企业采用 CCS 技术的额外支出来自两部分——投资成本和运营成本。与化石燃料发电技术类似，CCS 投资完成后的运营成本在采用 CCS 技术后的额外总支出中占据很大份额。CCS 的技术特性决定了 CCS 技术改造的价值、风险等对捕获成本及其相关因素变化较为敏感，尤其是初始捕获成本。这说明企业在进行 CCS 改造投资时，对运营成本的考量需要多于投资成本。再来看捕获成本波动率，相比捕获成本的其他因素（初始捕获成本、捕获成本变化率）来说，CCS 投资改造的价值、风险、平均捕获率等均对捕获成本波动率的变化不是很敏感，这还是因为模型中加入了捕获运营柔性，这可以在很大程度上帮助企业规避捕获成本的波动带来的不确定性。

3.3.4 碳价格与补贴政策模拟

我们将模型作为政策分析工具，来分析碳价格水平变化与补贴政策对现有电厂投资改造 CCS 的影响。第 2 章重点比较分析了政府对企业的研发补贴和发电补贴。在本章中，我们分析的是政府对企业的 CO_2 捕获进行补贴。政府对捕获进行补贴可以减少企业采用 CCS 技术后的额外支出，加入捕获补贴可以看做企业在采用 CCS 技术后可以避免的成本。如前所述，模型中加入了企业的运营柔性，企业每期可以获得的捕获补贴额与捕获量呈正相关关系。具体操作是在式（3-2）最后减去捕获补贴：$Sub \cdot cr \cdot Em(t_i)$，其中 Sub 表示政府对企业捕获的补贴，单位为元/t。

碳价格和捕获成本都是企业投资 CCS 改造的重要考量因素，企业在对现有超临界电厂的 CCS 改造完成后，会比较自身捕获成本与市场的碳价格，从而确定自身的捕获水平。为了对比分析，我们在讨论捕获补贴水平时，也相应调整了初始碳价格水平。这里分别计算了初始碳价格由 150 元/t 变化到 350 元/t，捕获补贴由

0 元/t 变化到 200 元/t 后 CCS 改造投资价值、风险、捕获量、以及平均捕获率的变化，计算结果见图 3-1。

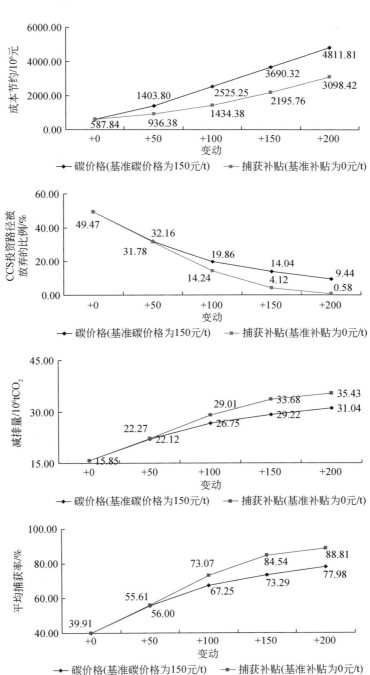

图 3-1　碳价格和捕获补贴的变化对结果的影响

由计算结果可以看到，不管是初始碳价格水平增加还是补贴水平增加，对于企业对现有超临界电厂进行 CCS 改造都会起到积极效果，但是效果均随着碳价或补贴水平的上升而递减。从 CCS 改造成本节约价值来看，增加同等水平的初始碳价格后成本节约价值要大于在增加同水平下捕获补贴时。如，在初始碳价格水平为 200 元/t 时，CCS 改造成本节约价值为 14 亿元，高于补贴水平为 50 元/t 的 9.4 亿元。再看剩下的三个指标（投资风险、减排量、平均捕获率），在同等水平下，增加捕获补贴的效果均优于增加碳价格。对企业来说，相比碳价格，捕获补贴的作用效果更加直接，一方面，捕获补贴可以直接减少企业因采用 CCS 技术而带来的额外支出，这种较为明确的政策信号可以明显降低企业对现有电厂进行 CCS 改造的投资风险（在捕获补贴水平为 100 元/t 时，CCS 投资风险为 14.24%，低于相应碳价格水平为 250 元/t 时的 19.86%）；另一方面，因为捕获补贴的存在，企业多捕获会得到更多的补贴，因此企业在运营中会倾向于全捕获而不是半捕获（同样在在捕获补贴水平为 100 元/t 时，企业平均捕获率为 73.07%，高于相应碳价格水平为 250 元/t 时的 67.25%）。

一般来说，当投资风险在 5% 以下时，投资将具有很高的可行性。从计算结果来看，如果要将 CCS 改造投资风险控制在 5% 以下，碳价格水平需要超过 350 元/t。而当捕获补贴达到 150 元/时，便可以使得 CCS 改造的投资风险控制在 5% 以内。再从减排量和平均捕获率上看，当捕获补贴为 150 元/t 时，相应的 CCS 改造投资后的减排量与平均捕获率分别为 3368 万 t 和 84.54%，均大于初始碳价格水平为 350 元/t 时的 3104 万 t 和 77.98%。需要指出的是，当 CCS 改造投资风险被控制在 5% 以下时，不管是捕获补贴水平（150 元/t）还是碳价格水平（350 元/t），都是比较高的，我们计算的结果要高于前人在研究投资新建带 CCS 技术煤电厂时给出的碳价格水平（Newell et al.，2006）给出的新建燃煤电厂采用 CCS 技术相应的碳价格水平为 120～250 元/t，Martinsen 等（2007）给出的新建燃煤电厂采用 CCS 技术相应的碳价格水平为 300 元/t。这主要因为，我们考察的是现有已投入运营的超临界电厂 CCS 改造投资，模型中这部分电厂相应的运营寿命被设为 20 年（减去预期 CCS 改造投资时间，实际运营年限约为 17 年），与新建电厂超过 35 年的运营寿命相比，CCS 改造投资的回报期较短。所以这也导致了现有电厂进行 CCS 改造的投资困境。一方面，企业只会在外部碳价格水平较高的情况下才会有意愿对现有电厂进行 CCS 改造；另一方面，政府如果希望通过对 CCS 捕获进行补贴的方式鼓励现有电厂进行 CCS 改造投资，那么所需要付出的补贴总额度是十分大的，所以政府也不会轻易对 CCS 捕获进行补贴。

3.4 本章小结

本章基于实物期权理论建立了一个离散的序贯投资决策的估值模型，讨论了已投入运营的超临界燃煤电厂进行 CCS 改造的投资决策问题。我们将 CCS 改造看作一个投资期权，模型综合考虑了现有火电发电成本、碳价格及 CCS 投资和捕获成本的不确定性，并加入了企业在 CCS 改造投资完成后的运营柔性。因为模型中考察的不确定因素较多，故模型采用 LSM 方法求解。我们在案例分析中讨论了中国现有已投入运营的超临界火电的 CCS 改造投资决策问题，并分析了碳价格和捕获补贴水平对投资的影响。

从计算结果来看，当前改造现有超临界电厂加装 CCS 技术的投资风险较高，这与 Zhu 和 Fan（2011）得出的结论是一致的。需要特别指出的是，与 Zhu 和 Fan（2011）在相对宏观的层面考察采用 CCS 在中国电力部门的替代发电量不同，我们将问题集中在了现有超临界机组的 CCS 改造投资决策上，在模型中对捕获成本进行了更加细致的刻画（包括单位捕获成本和发电效率损失等），并加入了改造完成后企业对捕获的运营柔性。从应用角度来看，本章模型具有更好的实用性，适合企业用来进行 CCS 改造投资决策，企业可以根据已有机组的相关技术参数、剩余运营寿命、和预估的捕获成本相关参数，代入本章模型后计算得出估值结果。

从对捕获相关参数的分析可知，CCS 捕获成本水平是影响企业投资 CCS 改造最关键的因素。此外，在碳价格为 150 元/t 时（相当于 CO_2 配额价格为 15 欧元/t），对现有超临界电厂进行 CCS 改造的投资风险为 49.47%，若要将投资风险控制在 5% 之内，碳价格水平需要超过 350 元/t（相当于 CO_2 配额价格为 35 欧元/t）。企业会因为投资回报期短、碳价格较低等原因不愿意对现有电厂进行 CCS 的投资改造。若要增加企业的对现有电厂进行 CCS 投资改造意愿，政府对改造成功后的电厂进行捕获补贴是一个十分直接且有效的方式，但是从补贴水平上看，在碳税存在的条件下（105 元/t，相当于 CO_2 配额价格为 15 欧元/t），要将投资风险控制在

5% 以内，政府的补贴水平为 150 元/t（相当于 CO_2 配额价格为 15 欧元/t）。这个补贴水平仍然较高，所以政府不会轻易对 CCS 捕获进行补贴。

总的来看，现有的技术水平和政策框架不足以促进企业对现有超临界电厂进行 CCS 改造投资。但同样从目前看，尽管成本高昂，如果中国在未来 20 年内决定在电力部门进行大规模温室气体减排，对现有的已投入运营的超临界机组进行 CCS 改造将不可避免。政府对现有电厂的 CCS 改造进行捕获补贴会取得较为直接的政策效果，但是从长期来看，电厂 CCS 改造投资还是需要在市场环境下进行，那么一个较为有效的碳排放交易机制的构建，则可以在长期内促进中国电厂对 CCS 进行改造投资。中国已经开始在多个省市开展了碳排放权交易的示范，未来将建立国内统一的排放权交易市场，相信随着电力部门排放配额分配的日趋严格，企业将会有更多的意愿进行 CCS 的投资改造。

我们建模仍然从微观层面的企业角度出发，并没有考察 CCS 的改造投资对经济系统中其它部门以及居民的影响，这是一个偏均衡分析。同样对于电力部门来说，企业可以选择投资改造现有燃煤电厂加装 CCS，也可以选择新建核电或可再生能源发电（如风电）厂以达到减少温室气体排放的目的，本章并没有考虑 CCS 技术与这类近零排放发电技术的竞争，这些问题将会在接下来的章节中进行研究。

第4章 碳市场机制设计及其对 CCS 投资的影响

本章以 CCS 技术投资为例，关注碳排放交易机制中的底价（floor price）政策对 CCS 投资和企业减排行为的影响，并以此为基础尝试设计合适的底价以促进 CCS 技术的投资与发展。我们构建了在欧盟碳市场中引入底价机制的价格随机波动模型及 CCS 技术投资运营决策模型，模型考虑了 CCS 技术投资的时间灵活性及 CCS 暂停运营的管理决策柔性。以此为基础，我们基于实物期权理论并结合 LSM 方法系统研究了底价机制的引入对 CCS 技术投资和减排效果的影响。最后根据我们对合适的底价的定义，模拟结果表明在当前的情景假设下，EU-ETS 中设置 25 ~ 30 欧元的底价水平对于促进欧盟 CCS 投资以及 CO_2 减排行为较为合适。

4.1 引　言

从 CCS 的技术特点上来说，碳价格是企业进行 CCS 技术投资决策的关键影响因素。我们在之前的讨论中介绍过，欧盟认为 ETS 将是激励并推动 CCS 发展的主要工具。但是，目前 EU-ETS 已经进入第三阶段，目前欧盟内部关于 CCS 是否纳入 EU-ETS 的讨论仍然在继续。究其原因，主要是当前欧盟的排放权交易机制并没有显著的推动减排技术的发展。具体来看，①当前的碳市场价格较低，处于低位的碳价格使得其对低碳技术投资的促进作用不是十分显著，尽管已有公司将 CO_2 的成本纳入到公司投资决策的过程中来，并对公司的短期小规模投资有较明显的推动作用，但对大规模投资和研发的影响十分有限（Hoffmann，2007；Blanco and Rodrigues，2008；Mo et al.，2012）。②未来碳市场风险较大，由于长期气候政策的不确定性，未来碳市场价格存在较高的不可预测性，这种价格波动性会显著增加投资风险、提高资本成本，并明显的推迟了低碳技术的投资，减少 2012 年后价格的波动性将显著加快低碳技术投资并降低碳排放（Abadie and Chamorro，2008；Celebi and Graves，2009；Brauneis and Loretz，2011；Brauneis et al.，2011）。

由此可见，虽然碳排放权交易是一种成本有效的减排政策工具，但是在现实中，低迷的碳价格及较大的波动性并不利于推动企业大规模投资和发展低碳技术，进而可能影响到长期的减排能力。这点也极大的影响了企业，尤其是电力企业对 CCS 技术的投资。针对减排成本信息不完全以及经济发展不确定导致的碳市场高风险问题，有专家学者提出了碳市场的价格稳定机制（如最低限价（ceiling price）和最高限价机制（price collar）及混合机制），并重点讨论了这些机制对于减排技术投资的影响（Roberts and Spence，1976；Pizer，2002；Philibert，2009；Fell et al.，2011）。研究主要是在环境经济学的框架下，在排放权交易市场中引入混合（price ceilings and price floors）机制，分析在不确定条件下，这类机制的引入对总的预期减排成本、减排量、社会福利、温室气体浓度以及温度变化的影响。碳价格稳定机制是对当前碳市场机制不足的一种弥补。

考虑到目前欧洲碳市场中的价格低迷，我们在这里重点介绍在碳市场中价格稳定机制中的底价机制。底价机制是由监管部门在期初对市场交易价格设定一个下界。这一机制可以向市场发出长期碳价格稳定信号，在有不利的市场信息出现时，碳排放权价格会下跌，然而当价格达到底价的水平时，碳排放权出售者不会再以更低的价格出售碳排放权，碳价走势也会维持在底价之上而不会继续急剧下滑（Newell et al.，2006）。因此底价机制不仅仅提高了碳价的预期水平，更重要的是降低了碳价的未来不确定性，尤其是降低了碳价格的下行风险，因而能够减少 CO_2 减排技术投资未来收益的不确定性并提高投资收益，为减排活动提供稳定的价格信号（Stern，2006；Celebi and Graves，2009；Woodn and Jotzo，2011）。在各国的碳市场实践中，已经在考虑引入这一机制。英国政府为鼓励低碳技术投资，计划将排放权价格稳定机制引入到实践当中（HM Treasury et al.，2010），澳大利亚政府也在考虑将底价机制引入其碳市场的立法当中（Australia Government，2011），美国政府在碳排放权交易的提案中 [H. R. 2454（Waxman-Markey），S. 2879

（Cantwell-Collins），S. 1733 （Kerry-Boxer）[①]] 也将底价纳入其中。

虽然学界和政界已经认识到底价机制对于促进减排技术投资的重要意义并正在考虑将其引入到碳市场的实践中，然而关于底价对于减排技术投资的影响如何及怎样设计合理的价格稳定机制的讨论却很少。这一现状也许与传统的投资决策评价方法有关，基于净现值方法（NPV）的评价无法将未来不确定条件下投资的柔性价值考虑在内，不能很好地描述不确定条件下的投资决策行为（Trigeorgis，1996）。而实物期权方法因其能较好地刻画未来不确定性条件下的投资决策灵活性（Dixit and Pindyck，1994），越来越多的被应用于减排技术的投资评价决策问题中（Zhu and Fan，2011；Abadie and Chamorro，2008；Heydari et al.，2010；Zhou et al.，2010）。

本章针对 CCS 技术投资，重点探讨碳市场底价机制对于促进 CCS 投资的作用，并以此为基础尝试设计合适的碳价格底价水平。通过构建在欧盟碳市场中引入底价机制的价格随机波动模型，以及 CCS 技术投资运营决策模型，我们考虑了 CCS 技术投资的时间灵活性及 CCS 暂停运营的管理决策柔性。并基于实物期权理论，结合 LSM 方法系统研究了底价机制的引入对减排技术投资和减排效果的影响。

4.2 模型方法

考虑到电力行业是欧洲重要的碳排放行业（其 CO_2 排放量达到整个碳排放的 40% 左右），且 CCS 技术是未来电力行业大规模减排的关键技术，本章以电力行业超临界煤粉电厂（SCPC）CCS 技术投资为研究对象，以实物期权理论为基础，以模拟的方法研究了在碳市场高风险情景下，欧盟碳市场中引入底价机制对于欧洲范围电力行业 CCS 投资行为的影响及其减排效果，并尝试设计合理的底价水平。在投资决策建模中，我们同时考虑了 CCS 投资决策的时间价值和 CCS 运行的灵活性。在第 2 章和第 3 章中，我们主要考虑了 CCS 改造需要时间完成，进而将改造

---

① 一些联邦法案（包括 H. R. 2454（Waxman-Markey）、S. 2879（Cantwell-Collins）、S. 1733（Kerry-Boxer））和国家项目（包括正在进行的区域温室气体行动（RGGI）和计划 2013 开始的加州碳排放权交易项目）将拍卖作为配额分配的一个重要部分，拍卖中的最低价格作为项目中配额的最低价。

投资看做一个序贯决策问题，电力企业在投资期中持有放弃期权。与第2章和第3章模型不同的是，这里我们考虑了电力企业选择CCS改造时间的灵活性，假设投资一次性完成，电力企业持有投资期权，可以根据未来市场情况选择合适的时机进行CCS改造。

4.2.1　碳价格稳定机制建模

4.2.1.1　不存在底价价格稳定机制时的碳价格

由于当前欧洲整体经济形势低迷，碳市场价格目前处于历史低位，但是长期来看，随着经济的逐渐复苏以及对减排配额分配的逐步加紧，中长期内碳价格将有一个上行的趋势，然而这种价格走势也在很大程度上受到各种不确定性因素的影响，并可能发生较大的波动。在这种前提下，我们采用带有趋势项的几何布朗运动过程（GBM process）来刻画预期的未来碳市场价格走势，

$$dP_t = \alpha_p P_t dt + \sigma_p P_t dW_t \tag{4-1}$$

其中，P_t 为碳市场价格；α_p 为未来预期的价格漂移率；σ_p 为碳价格波动率，反映未来价格波动性的大小；dW_t 为维纳过程，满足期望为0方差为 dt 正态分布。在具体的模拟过程中，式（4-1）的离散形式表示为：

$$P_{t+1} = P_t \exp(\alpha_p \Delta t + \sigma_p (\Delta t)^{1/2} dW_t) \tag{4-2}$$

4.2.1.2　存在底价价格稳定机制时的碳价格

当存在价格稳定机制时，若碳价格发生大幅度的下跌并低于底价的水平时，监管机构将通过采取一定的政策手段干预市场价格走势（如公开市场操作），避免价格跌到底价水平以下。基于此，我们采用带有下反射壁（down barrier）的几何布朗运动来刻画碳价格未来的变动趋势（Dixit and Pindyck，1994）：

$$dP_t = \alpha_p P_t dt + \sigma_p P_t dW_t$$

并且，

当 $P_t < P_f$ 时，$P_t = P_f$， $\tag{4-3}$

P_f 是人为设定的碳市场价格的最低下限水平。

上述价格走势模型表示：在价格水平高于 P_f 时，其服从几何布朗运动过程，若在某一时点碳价格跌倒 P_f 以下，那么此时价格将自动跃迁到 P_f 水平。这个模型能够较好的刻画存在价格稳定机制时的碳价格的走势情况。

4.2.2 CCS 改造投资及运营决策建模

由于 CCS 技术投资大、风险高的特点，投资决策必须考虑长期的投资价值和风险，同时在投资建成后的运行期也需要考虑是否运行 CCS 装置。本章同时考虑了这两种决策过程，这是以往研究中没有考虑到的。具体 CCS 设备投资决策过程如图 4-1 所示。在碳市场存在的条件下，对于已建成的超临界煤粉电厂，从 t_0 时刻开始，CCS 投资者面临两阶段的决策：第一阶段，首先决定是否对已建电厂进行 CCS 改造，以及什么时间进行改造。当碳价格水平较低时，投资者考虑到到未来的投资风险，从而选择等待的做法进而推迟 CCS 改造投资；随时间推移到 t_r+1 时刻时，若碳价格水平足够高使得潜在的 CCS 投资者认为立即投资比推迟投资更有利时，此时企业将选择作出投资的决策。并从 t_r+1 时刻①开始进入第二阶段决策：CCS 投资者对电厂完成了 CCS 改造之后，由于 CCS 设备的运营将耗费大量的能源成本以及较高的运营成本，面对碳价格的不确定性，此时企业将对运营 CCS 设备的成本及减排收益进行权衡比较，并具有决定是否运营 CCS 设备的灵活选择：运营 CCS 设备捕获 CO_2 获得减排收益或者暂停 CCS 设备运营以避免造成损失。在完成 CCS 改造的时刻 t_r+1 开始企业即面临这样的决策直到电厂的生命周期结束时

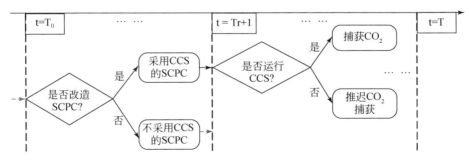

图 4-1　CCS 改造投资和运营决策过程

---

① 这里假定电厂的 CCS 改造需要一年的时间。

刻 T。在整个决策过程中，第一阶段 CCS 是否投资的决策取决于第二阶段的 CCS 设备运营状况所产生现金流状况。因此第二阶段的决策的引入对于第一阶段的决策的结果将产生直接的影响，并进而将影响到本章的模拟评价结果。

4.2.3 项目价值分析及决策

在本章的分析中，我们从 CCS 改造投资者（可以是电厂拥有者或者其他潜在 CCS 投资者）的角度，假设 CCS 改造花费 1 年时间完成。在 t 时刻投资（年底完成改造）进行 CCS 改造的现金流包括：CCS 改造的投资成本支出：C_{CA}^t；CCS 改造完成后，从 $t+1$ 时刻开始，每一期的现金流分两种情况：第一种情况，在碳价格较高的时刻，运营 CCS 设备捕集 CO_2 将产生正的现金流，且现金流为

$$cf_t = R_A^t - C_{OM}^t - C_{TS}^t - C_E^t \tag{4-4}$$

$$R_A^t = P_C^t \times N_C^t \tag{4-5}$$

$$C_{OM}^t = c_{OM} \times N_C^t \tag{4-6}$$

$$C_{TS}^t = c_{TS} \times N_C^t \tag{4-7}$$

$$C_E^t = P_E^t \times N_E \tag{4-8}$$

其中，cf_t 为 t 时期总的现金流；R_A^t 为 t 时期排放权销售带来的现金流入；C_{OM}^t 为 t 时期运营成本；C_{TS}^t 为 t 时期 CO_2 运输储存成本；C_E^t 为 t 时期捕集 CO_2 耗费的电力成本；P_C^t 为 t 时期的碳排放权价格；N_C^t 为 t 时期的碳捕获量；c_{OM} 为捕获单位 CO_2 的 CCS 设备的运营成本；c_{TS} 为运输存储单位 CO_2 耗费的成本；P_E^t 为 t 时期的电力价格；N_E 为运营 CCS 设备耗费的电量。

第二种情况，若碳价格较低，则运营 CCS 设备将产生的负的现金流，此时企业投资者选择暂停运营 CCS 设备，且现金流为零。

综合上述两种情况，CCS 改造完成后的每一期，现金流为

$$CF_t = \begin{cases} cf_t, & if \quad cf_t > 0 \\ 0, & if \quad cf_t \leqslant 0 \end{cases} \tag{4-9}$$

在 t 时刻投资立即进行 CCS 改造的总的预期现金流：

$$NPV_t = -C_{CA}^t + \sum_{i=t+1}^{T} (1+r)^{-(i-t)} \times CF_i \tag{4-10}$$

其中 C_{CA}^t 为 t 时刻投资 CCS 的投资成本，r 为折现率。则 t 时刻项目的投资价值 W 为

$$W_t = \text{MAX}\left[\text{NPV}_t, \ (1 + r)^{-1} \times E_t(W_{t+1})\right] \tag{4-11}$$

其中，$E_t(W_{t+1})$ 为 t 时刻对 $t+1$ 时刻项目价值的预期。

边界条件：在电厂寿命结束时期 T，投资者将选择放弃 CCS 投资，因为此时投资将无法获得未来现金流进而不能收回其投资成本。因此边界条件为 $W_T = 0$，并且选择放弃投资。

4.2.4 预期减排量分析

在 CCS 投资决策过程中，在对 CCS 进行投资改造完成之前（T_{r+1} 时刻之前），减排量为零。在 CCS 改造完成后，若运营 CCS 设备产生正的净现金流入则 CO_2 捕获量为

$$N_C = \text{PL} \times \text{PF} \times \text{ACE} \times \text{CCR} \tag{4-12}$$

其中，PL 为电厂发电装机容量；PF 为电厂运营负荷因子；ACE 为单位发电量的 CO_2 排放量；CCR 为 CO_2 的捕获率；若运营 CCS 设备产生负的净现金流入则 CO_2 捕获量为零。

综上分析对于一个 CCS 投资项目而言，每年的 CO_2 的捕获量为

$$N_C^t = \begin{cases} 0, & 1 \leqslant t \leqslant Tr + 1 \\ \begin{cases} 0, & if \quad cf_t \leqslant 0 \\ N_C, & if \quad cf_t > 0 \end{cases} & T \geqslant t > Tr + 1 \end{cases} \tag{4-13}$$

整个电厂生命周期内的 CO_2 减排量为

$$N = \sum_{t=1}^{T} N_C^t \tag{4-14}$$

4.2.5 碳市场底价水平

我们设置底价的直接目的是稳定碳市场的价格走势，促进企业长期的减排技术投资并最终实现长期减排。但另一方面，过高的底价将限制碳价波动的空间，降低市场效率，同时过高的底价有可能给企业造成不可接受的高成本，加重企业

以及消费者的负担，违背我们设定底价的初衷。因此合适的底价设定非常重要。基于此本章将"合适的底价"定义为能够有效促进减排技术投资的底价水平。

显然底价较低时，其对于推动投资的效果不显著。随着底价的提高，其对于推动投资与减排的效果逐渐增强；当底价达到某一临界值时，底价已足以弥补投资成本及较早投资放弃的期权成本，从而达到投资者的回报要求水平并使其做出投资的决策。而继续提高底价虽然投资概率及预期减排量会继续增加，但其边际效果将逐渐递减。

为清晰定义合适的底价水平，我们定义如下参数：

$$\lambda = \frac{\partial p}{\partial P_f} \tag{4-15}$$

$$\gamma = \frac{\partial E(N)}{\partial P_f} \tag{4-16}$$

其中，λ，γ 分别表示在其他条件不变的条件下底价提高单位水平时，投资可能性（投资概率）和预期减排量的增加量（对于投资和减排影响的边际效果）；p 为电厂整个生命周期内进行 CCS 改造投资可能性大小；$E(N)$ 预期减排量。根据我们的上述假设，λ，γ 应该随着 P_f 的增加呈现先增后减的趋势，并且当达到合适底价水平 P_f^* 时 λ，γ 应该趋于 0。本章将通过模拟结果验证这一假设，并找到合适的底价水平 P_f^*。

4.2.6 模型求解

在本章中，我们关心的目标变量为碳价格不确定条件下的项目预期投资价值、项目投资的可能性大小（即在电厂整个生命周期内项目投资的概率），CCS 电厂的预期减排量以及合适的底价水平。本章基于 LSM 技术求解，具体过程如下：

在每一种情景下，碳价格走势的模拟路径数目为 M（M 为较大的自然数）。在每一条模拟路径 $i(1 \leqslant i \leqslant M)$ 下，基于式（4-6）至式（4-11）首先判断项目在整个生命周期内是否投资以及在什么时点投资，同时据此计算项目在每一条模拟路径上的项目价值 W_0^i；基于式（4-6）至式（4-11），计算每一条模拟路径上 CO_2 减排的数量 N_i。M 条路径的结果计算完毕后，统计其中 CCS 投资的路径数目 m，则电厂生命周期内项目投资概率定义为

$$p = m/M \tag{4-17}$$

CCS 投资项目预期价值为

$$E(W) = \frac{\sum_{i=1}^{M} W_0^i}{M} \tag{4-18}$$

CCS 电厂的预期减排量为

$$E(N) = \frac{\sum_{i=1}^{M} N^i}{M} \tag{4-19}$$

基于式（4-15）和式（4-16）计算合适的底价水平 P_f^* 。

4.3 模 型 参 数

本章以 EU-ETS 下 CCS 技术投资作为研究案例，系统研究在 EU-ETS 机制下引入底价机制对于 CCS 投资及减排行为的影响。本章的研究对象为装机容量为 500MW 寿命为 30 年的超临界煤粉电厂（SCPC）（Abadie and Chamorro，2008a），技术参数以及经济参数见附录 3。

有底价机制的模拟价格走势与无底价机制的价格走势模拟结果如图 4-2 所示。图 4-2（a）为无底价机制的价格走势模拟结果，图 4-2（b）为有底价机制下的碳价格走势模拟结果（作为一个示例，我们取基准情景下初始价格 $P_0 = 15$ 欧元 /t CO_2，底价为 $P_f = 10$ 欧元 /t CO_2），对于以上两种机制，每次模拟 10 000 条路径，图 4-2 中随机选取每种模拟情景下的 200 条路径进行展示。根据模拟结果可以得到，存在底价机制的条件下，碳价格的走势有三个特点：一是在电厂整个生命周期内碳价格不会低于底价水平（此处为 10 欧元）；二是未来碳价格的期望平均水平比无底价机制时偏高（由 40 欧元/tCO_2 增加到 72 欧元/tCO_2），相应的价格漂移率由 0.025 增加到 0.039；三是碳价格的风险减小（由 46% 减小到 40.2%）。下面我们将模拟这种变化对于投资及减排行为的影响。

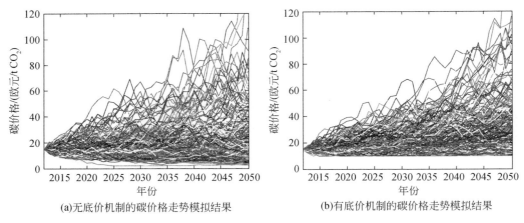

(a)无底价机制的碳价格走势模拟结果　　　　(b)有底价机制的碳价格走势模拟结果

图 4-2　有无底价机制的碳价格模拟结果

4.4　结果与讨论

4.4.1　运营灵活性引入的必要性

考虑到 CCS 投资者在实际运营过程中拥有根据外界市场条件的改变而调整运营策略的现实情况，本章在模型中引入了 CCS 改造完成后 CCS 暂停运营灵活性（在第 3 章中，我们考虑的是企业在运营过程中可以调整捕获率，进而考察企业的捕获意愿）。为了说明模型中引入 CCS 运营灵活性的必要性，在模型中引入底价机制之前，我们计算了无运营灵活性的结果，如表 4-1 所示，并将其与有运营灵活性的结果进行了对比。

表 4-1　基准情景设置下运营灵活性对投资及二氧化碳减排的影响

情景	底价	价格漂移率	价格波动率 /%	投资概率 /%	项目价值 /10^6 欧元	CO_2 减排量 /10^6tCO_2
无运营灵活性	无	0.025	46	10.73	362.10	7.27
有运营灵活性	无	0.025	46	24.57	417.04	11.99

可以看出，若没有考虑 CCS 运营灵活性，投资概率是比较低的，仅有 10.73%。模拟结果与目前现实中 CCS 技术投资发展缓慢的现实相符合。运营灵活性的引入

显著的提高了项目的投资机会：投资概率相对于基准情景增加了 14.2 个百分点，这主要是由于在基准情景下，原来一些不具备项目投资价值的模拟路径在引入运营灵活性的条件下具备了项目投资价值，从而使得有效投资路径数目增加，进而提高了项目的投资机会；项目价值增加了 5500 万欧元，如前所述，基准情景下在有效投资路径数目的增加的条件下，项目的预期投资价值将会得到提高；另一方面，运营灵活性的引入使得企业在 CO_2 价格较低的条件下，暂停 CCS 设备的运营，避免了模拟路径上某些年份负现金流的产生，这也会增加项目的预期价值。综合两方面的因素，运营灵活性的引入会显著提高项目的评估价值。运营灵活性的引入对 CO_2 减排量的影响有两个方面：一方面投资概率的增加使得有效投资路径数目增加，这种效应会增加预期 CO_2 的减排量；另一方面是对于某些原有有效路径而言，在没有运营灵活性的条件下，不论当年现金流为正或为负，企业都将选择运营 CCS 设备，而在运营灵活性引入后，在电厂的剩余生命周期内，如果某些年份排放权价格较低，运营 CCS 设备导致当年发生负的现金流时，企业基于利润最大化的考虑会选择暂停运营 CCS 设备，进而使得当年的减排量为零，而这种效应会减少 CO_2 的预期减排量。以上两种效应的相对强弱决定了运营灵活性引入后 CO_2 减排的变动。在基准情景下，从本章模拟结果可以看出，引入运营灵活性之后 CO_2 的预期减排量增加了 $4.72\mathrm{Mt}\ CO_2$ 减排量。因此前一种效应对于减排量的影响占主导地位。

根据上述两种情景模拟结果的显著差异性，在下面评价底价机制对投资及减排行为的影响以及设计底价的过程中将 CCS 设备运营灵活性引入到模型中是合适而且必要的，否则将造成底价影响估计及底价设计的偏差。因此本章后面的计算结果及讨论均是在考虑 CCS 设备运营灵活性基础上得到的。

4.4.2　碳市场底价对 CCS 投资及减排行为的影响

我们首先模拟了基准情景下（无底价条件下的 CCS 投资行为与减排效果，如表 4-2 情景 1 所示。为了突出底价引入对于投资及减排实际效果的影响，我们计算了引进底价条件下（底价为 10 欧元/tCO_2）的结果，如表 4-2 情景 2 所示。由模拟结果对比可以看出，在碳市场中引入底价机制（底价为 10 欧元）的条件下（情景

2），项目投资概率由 24.57% 上升到 55.85%，增加了 31.28 个百分点；项目价值由 41 704 万欧元增加到 70 706 万欧元，增加 29 000 万欧元；CO_2 减排量由 11.99 Mt 增加到 22.42 Mt，增加 10.43 Mt。因此在未来碳价格的高风险条件下，即使把底价设在普遍认为较低的当前价格情景（底价为 10 欧元/tCO_2）下，保证未来碳价格在当前的实际价格水平之上，底价机制的引入对于提高投资概率，提高项目投资价值以及增加预期 CO_2 减排量也将产生比较较明显的推动作用。

为了说明碳价格的下行风险对投资及减排行为的影响，我们计算了底价机制的引入对于未来碳价格走势与碳价格风险的影响，并在新的价格走势（漂移率为 0.039）与新的风险条件（40.25%）下重新模拟投资行为与减排行为，如表 4-2 情景 3 所示。可以看出，在相同的期望价格水平及相同的风险条件下，因为底价的引入抵消了碳价格的下行风险，情景 2 的投资价值、投资概率以及减排量都比情景 3 下的结果偏高。这说明未来碳市场碳价格的下行风险将是阻碍 CCS 技术投资的一个重要原因。

表 4-2　不同情境下的建模结果

情景	底价	价格漂移率	价格波动率 /%	投资概率 /%	项目价值 /10^6 欧元	CO_2 减排量 /$10^6 tCO_2$
情景 1	无	0.025	46.00	24.57	417.04	11.99
情景 2	有	0.039	40.25	55.85	707.06	22.42
情景 3	无	0.039	40.25	32.22	614.94	18.12

4.4.3　合适底价的选择

我们首先研究了随着底价水平的变化，底价对于投资行为与减排行为影响的变化规律，基于上述分析结果并结合 4.2.5 节合适底价的定义探讨合适底价的设定。

4.4.3.1　底价对 CCS 投资与减排行为的影响

1）项目价值分析

项目预期价值是投资者为投资决策而关注的一个重要变量。图 4-3 展示了引入各种不同价格水平的底价机制下，项目投资价值随底价的变动关系。作为对比，我们同时计算了没有底价机制时的项目价值。可以看出，在底价水平较低（低于 10 欧元/tCO$_2$）时，底价对项目价值的变动影响较小；随着底价逐渐增大，当底价超过 10 欧元/tCO$_2$ 此时项目价值对底价的变动非常敏感，并随着底价的提高项目价值迅速增加，当底价的水平达到 30 欧元/tCO$_2$ 时，项目预期价值达到 27.12 亿欧元，相对于基准情景下的项目价值（417.04M 欧元）增长了 5.5 倍左右。因此由模拟结果可以得到底价的引入对于项目预期价值的提高具有显著的作用，但底价的这种作用水平必须在其达到一定的临界值水平（10 欧元/tCO$_2$）时才开始显著。

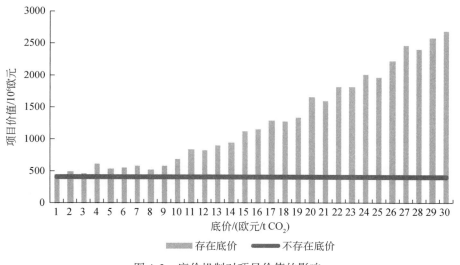

图 4-3　底价机制对项目价值的影响

2）投资机会大小分析

项目投资概率反映了在电厂生命周期内，当前及未来 CCS 投资机会的大小。图 4-4 展示了不同价格水平的（1～30 欧元/t CO$_2$）底价机制下投资概率的变动情况。作为对比，图中给出了没有底价机制时的投资概率水平。

首先由模拟结果可以看出，随着底价水平的提高投资概率逐渐递增。表明底价机制对于投资的推动作用随着底价的提高而逐渐增强。然而这种推动作用在底价较低时（小于 5 欧元/t）并不显著，随着底价的提高（5～25 欧元/t），投资概率持续增加并达到最大值。但是随着底价的继续提高，投资概率增加幅度不再显著，当达到 25 欧元/t 时投资概率接近 100%（99.7%），继续提高底价的水平，投

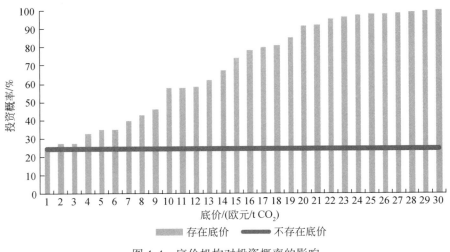

图 4-4　底价机构对投资概率的影响

资概率的提升空间有限且几乎不再变化，此时其对于投资的推动作用达到最大的极限水平。因此根据以上模拟结果可以得到，从实物期权角度，底价有一个临界水平（25 欧元/t CO_2），在这个价格水平下，立即投资导致的推迟项目投资的期权价值已经得到足够的弥补，对于投资者来说最优的选择是立即投资。超过这个价格水平，继续提高底价对于增加项目投资机会的效果不再显著。

3）投资时间分布分析

在电厂整个生命周期内，投资者根据市场条件以决定最优的 CCS 投资时间：早期投资或推迟投资。图 4-5 展示了不同底价水平下 CCS 投资时间在电厂整个生命周期内的累积分布，反映了投资行为发生在电厂生命周期内各个时点的概率大小。由模拟结果可以看出，在各种底价水平下，投资行为主要发生在决策期初，随着时间的推移，累计投资概率变化很小。这主要是由于电厂的生命周期是有限的，CCS 投资时点电厂剩余寿命的长短决定了 CCS 设备的有效运营时间，只有在较早的时刻投资才能够在较长的时间充分利用 CCS 设备捕获更多 CO_2，进而获得更多的收益。然而也有部分投资有可能发生在较晚的时期，这主要是发生在当前排放权价格水平较低而未来排放权价格发生大幅度上涨时的情况，在这种情况下，推迟投资对于投资者来说是较优的选择。然而因为这种情况发生的概率相对较小，因此投资发生在较晚时期的概率较小。这种规律对于各种底价情景下都适用。另外，随着底价水平的不断提高，投资时间分布区间逐渐提前。如图 4-5 所示，在底价为 5 欧元/tCO$_2$、10 欧元/tCO$_2$、15 欧元/tCO$_2$、20 欧元/tCO$_2$ 的条件下，投资发生的时间分别主要分布在 2043 年、2040 年、2035 年、2028 年之前，在碳价格达到 25 欧元/tCO$_2$，投资主要发生在决策期初，因此随着底价的提高，投资时间的分布将逐步提前。

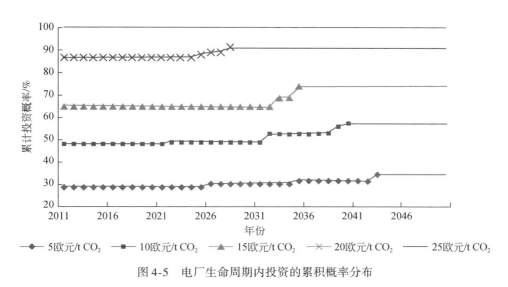

图 4-5　电厂生命周期内投资的累积概率分布

4）预期 CO$_2$ 减排量分析

整个电厂生命周期内 CO$_2$ 的最终总减排量是我们关注的一个重点。图 4-6 展示了不同底价水平下预期 CO$_2$ 减排量。作为对比，我们计算了没有底价机制的减排量，如图所示。CO$_2$ 的最高可能前排量或最大减排潜力（指在决策期初立即投资并在电厂的生命周期内每年都减排的情景）为 97.39Mt，在没有底价机制的条件下预期减排量仅仅为 11.99 Mt。随着底价机制的引入，在较低的底价下（小于 5 欧元/t），减排量相对于没有底价的情景变化不大。随着底价水平的提高，CO$_2$ 减排量迅速增加，并逐步逼近最高可能减排量。当价格达到 30 欧元/tCO$_2$ 时，减排量达到 94.2 Mt，非常接近最高可能减排量。因此类似于底价对于投资行为的影响，底价对于 CO$_2$ 减排的促进效果同样存在一个上限的底价水平，这里在 30 底价/tCO$_2$ 附近，超过这个水平时，即使再增加底价的水平将不会对减排产生显著的影响，因为这时 CCS 设备投资及运营都已经很充分，并已接近或达到减排的物理极限值。

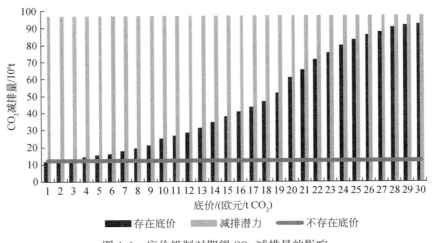

图 4-6　底价机制对期望 CO_2 减排量的影响

4.4.3.2　合适的（optimal）底价计算

基于 4.4.3.1 的计算分析结果，并根据 4.2.5 节的定义，为了寻找合适的底价水平，我们计算了各种底价水平下（1～30 欧元/tCO_2）的边际投资概率（λ），边际减排量（γ），并考察了他们随底价的变动趋势，如图 4-7 和图 4-8 所示。λ，γ 随底价的提升呈现出先增后减的趋势[1]。因此模拟结果验证了我们的 4.2.5 节提出的假设，即随着底价的提升，其对于投资和减排的促进作用的边际效果呈现先增后减的趋势。

另外，由图 4-7 和图 4-8 可以看出，当底价达到 25 欧元/tCO_2 的水平时，λ 趋于零，如果继续提高底价水平，对于投资行为的推动将不再显著。当底价达到 30 欧元/tCO_2 的水平时，γ 趋于零，减排潜力已经很小，此时如果继续提高底价的水平对于促进减排的效果将不再显著。根据 4.2.5 节合适的底价的定义，我们认为将合适的底价设在 25～30 欧元之间，此时对于投资及减排的促进作用已经非常显著。而根据 Brauneis 和 Loretz（2011）和 Brauneis 等（2011）的研究，认为合适的底价水平在 40～60 欧元/t CO_2，比我们得到的结果偏高。一方面，我们认为这可能与选择的具体评价对象的参数设置相关；另一方面更重要的原因在于，Brauneis

---

[1]　虽然在某些模拟结果上并不严格遵循这样的趋势，我们认为这主要是由于模拟过程中的随机数种子的产生带有一定的随机性且模拟次数有限导致的。

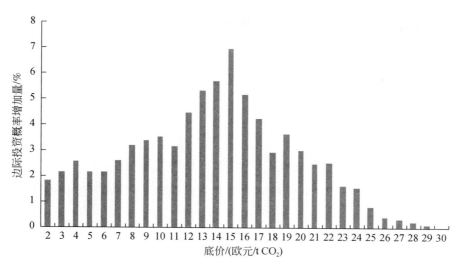

图 4-7　底价增加对投资概率的边际影响

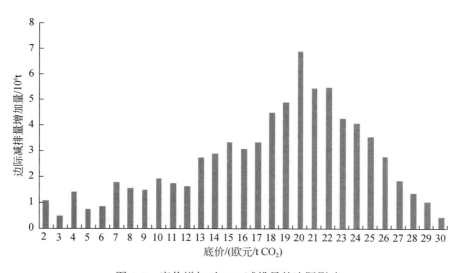

图 4-8　底价增加对 CO_2 减排量的边际影响

等的模型中未考虑运营灵活性的结果，并假定一旦进行 CCS 改造投资，则一直运营 CCS 设备，这忽略了 CCS 投资者在电厂实际经营过程中具有的暂停 CCS 捕集 CO_2 的的灵活性选择，而根据我们的 4.4.1 的研究结果，运营灵活性的考虑会促进当前 CCS 的投资。因此考虑运营灵活性后，底价临界值将会被显著降低。

4.4.4　鲁棒性检验

由于电厂及 CCS 设备具有较长的生命周期，CCS 改造投资及运营决策是一个周期较长的跨期决策行为，因此折现率的设定对于模拟结果将具有显著的影响。为了验证底价机制的引入对投资及减排行为影响的鲁棒性，我们在合适的底价水平下（此处我们选择 25 欧元/tCO_2）模拟了各种折现率条件下（5%～30%）项目价值、投资概率及减排行为的变化情况，结果如图 4-9、图 4-10 和图 4-11 所示。

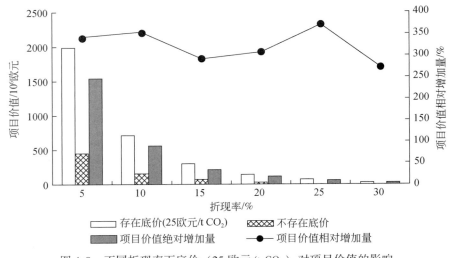

图 4-9　不同折现率下底价（25 欧元/t CO_2）对项目价值的影响

首先，随着折现率水平的提高，无论在有无底价机制的条件下，项目价值都急剧降低，因此项目价值对于折现率的变动十分敏感。其次在各种折现率水平下底价对于项目价值的提升都有显著的作用。虽然随着折现率水平的提高，底价对于项目价值提升的绝对量逐步减小（由 15.39 亿欧元减小到 3030 万欧元），但是这种增量相对于没有底价机制下的基准情景而言，项目价值提高了 250%～400%，因此这种效果还是非常显著的。

其次，对于投资概率而言，随着折现率的提高，投资概率也相应减小。对比有无底价两种情景投资概率可以看出，在各种折现率下，底价机制对于投资概率都有非常显著的提高，对投资概率的提升空间在 60%～80%。

最后，预期减排量对折现率的变化也比较敏感，随着折现率水平的提高，预

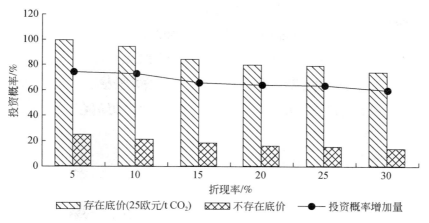

图 4-10　不同折现率下底价（25 欧元/t CO_2）对投资概率的影响

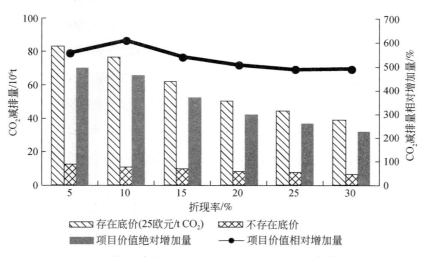

图 4-11　不同折现率底价（25 欧元/t CO_2）对 CO_2 减排量的影响

期 CO_2 减排量的降低较为显著。同样，虽然底价对于 CO_2 减排量提升的绝对量水平随折现率的提高而逐渐降低，由 70.5MtCO$_2$ 降低到 32.7MtCO$_2$，然而相对于没有底价的基准情景而言，底价机制的引入使得减排量提升了 4~5 倍，因此底价对于推动减排的作用也是非常显著的。

综上，在各种折现率水平下，模拟结果表明，将我们前面模拟得到的合适底价机制引入之后，项目价值、投资概率、以及 CO_2 减排量相对于无底价机制的基准情景而言都有非常显著的提高。这表明我们得到的合适底价水平对于投资及减排行为的影响作用在各种折现率条件下具有较强的鲁棒性。

4.5　本　章　小　结

　　考虑到当前的碳市场对于推动减排技术发展的作用非常有限，碳价格稳定机制是对当前碳市场机制的弥补。本章以未大规模商业化的 CCS 技术作为案例，构建了在碳市场中引入底价的价格随机波动模型以及 CCS 改造投资运营决策模型，在模型中 CCS 技术的投资时间灵活性及 CCS 运营暂停灵活性被纳入到模型中。采用 LSM 模拟未来碳风险条件下碳价格的走势，系统研究了底价机制的引入对减排技术投资及减排效果的影响，并根据本章对于合适的底价的定义，基于模拟结果找到了当前条件下合适的底价水平设置。通过模拟分析，得到以下有意义的结论：

　　首先，底价机制的引入对于投资及减排行为将会产生显著的影响，即使把底价设置在较低的水平（10 欧元/t CO_2），其对于推动投资及减排行为的效果也是非常显著的。因为较低的底价虽然不能显著提高碳价格的整体水平，但却能够降低碳价格的波动风险，尤其是碳价格的下行风险。模拟结果间接表明阻碍当前 CCS 技术投资的不仅仅是当前较低的碳价水平，更重要的是未来碳价的不确定性，尤其是碳价格的下行风险。

　　其次，CCS 投资的运营灵活性对于 CCS 投资及减排行为都会产生显著的影响，并对底价水平的设置产生显著的影响。考虑到 CCS 投资运营的现实特点，我们认为将其引入到评价决策模型之中是合适而且非常必要的。由于 CCS 的运营灵活性的存在，碳市场需要设计一个较高水平的底价。

　　再次，底价机制的引入对于投资及减排行为的推动效果随着底价的提高呈现一定的变化规律：随着底价的提高，其对于投资及减排的边际促进效果呈现出先增后减的变化规律。根据本章的模拟结果，当底价水平非常低时（小于 5 欧元/t CO_2），其对于投资行为及减排行为的影响是不显著的；随着底价水平的提高，这种促进作用迅速加强，当底价达到 25 欧元/tCO_2 时，投资概率接近 100%；如果继续提高底价水平，其对于 CCS 投资行为的边际促进效果不再显著。另外，当底价水平达到 30 欧元/tCO_2 时，CO_2 减排量接近最高可能减排量，继续提高底价水平将不会显著地提高减排量。本章的模拟结果表明，当底价达到 25 ~ 30 欧元/tCO_2 的水平时，已经足以充分有效地促进 CCS 投资及 CO_2 减排行为。而过高的 floor price 使得碳市场自由波动空间被压缩，有可能降低市场的效率，同时也可能给排放企业造成不可预料的过重负担，造成总体减排的不经济性。因此，我们认为 25～30 欧元/t 的底价水平较为合适。

最后，考虑到 CCS 技术投资的长周期性以及跨期决策的特点，本章把底价机制促进投资及减排的效果对折现率进行了敏感性分析。结果表明：在各种折现率水平下，底价机制对 CCS 技术投资及减排行为产生都将显著的影响，结果具有较好的鲁棒性。

当然本章关于合适的底价水平设置的分析结论是建立在历史的碳市场风险水平假定基础之上的，我们认为若未来碳市场的风险进一步加大，那么所需要的底价将需要进一步提高，反之合适的底价水平将会较低。另外，电力成本也是影响未来 CCS 投资运营决策的重要因素并进而影响到底价的因素，若未来电价持续走高，那么投资运营 CCS 的能源成本将走高，支撑 CCS 投资的合适底价也将提高，反之底价将降低。同时若考虑到 CCS 技术未来的成本学习效应，那么合适的底价将会降低。另一方面，本章没有考虑到底价的影响，实际上底价对于未来碳价的暴涨走势有抑制作用，若将最高限价机制引入进模型来，我们预计模拟结果得到的底价水平将会有所提高。另外，本章假定底价在长期内为一固定水平，而底价在碳市场应用的实践中应该根据减排成本信息的披露而进行阶段性的调整。最后，本章的评价对象为底价机制对于 CCS 的投资及减排行为的影响，而底价对于其他减排技术投资及减排效果的促进作用以及合适的底价水平如何设置需要进行进一步的探讨。在分析促进各种潜在的减排技术的合适底价的基础上得出一个综合的反映各种减排技术的合适底价水平对于政策制定将具有更加显著的实际意义。本章更重要的意义在于建立了一个分析这种问题的框架，为进一步研究相关的问题提供了一种视角和分析方法。

第 5 章 包含 CCS 技术的企业发电投资组合决策优化

CCS 技术的投资主体是能源企业，主要是发电企业。在企业进行投资决策时，是在多种发电技术之间进行选择，带 CCS 技术的火电只是发电技术组合中的一部分。如何对发电资产进行优化，是电力企业在温室气体减排背景下所面临的重要决策问题。本章将 CCS 技术的投资决策问题从项目层面推广到企业层面，研究了不确定条件下的大型发电企业的投资决策问题。我们采用实物期权方法评估发电企业投资燃煤发电+CCS 技术、天然气联合循环发电（NGCC）+CCS 技术、风电技术的收益，并采用蒙特卡洛模拟法得到多种情景下的投资收益分布，之后采用投资组合优化模型得到最优的发电组合决策。

5.1 引 言

在温室气体减排背景下，本章将 CCS 的投资决策问题从项目层面推广到企业层面，研究不确定条件下的大型发电企业的投资决策问题。电力行业可以通过结构减排——即提高可再生能源、核能等低碳、无碳能源在电源结构中的比重——逐渐替代火电等高碳电源，优化电源结构，降低碳排放，也可以采用 CCS 技术减少温室气体排放。一家大型电力企业的电源结构规划，需要根据未来的电力需求预测及碳强度目标确定。对于实施发电投资的主体——电力企业来说，投资决策过程不仅要考虑满足电力需求及企业碳强度目标，而且还要考虑企业自身的收益及风险。在实践中，不同的电力企业对待风险的态度存在差异，有的电力企业厌恶高风险发电技术（如化石燃料价格的不确定性，未来 CCS 投资成本的不可预见性，风电的高成本、低效率等引发的企业投资收益的高波动），投资比较谨慎。有的电力企业偏好高风险发电技术，投资比较激进。前一种企业被称为谨慎电力企业，后一种被称为风险爱好电力企业，介于两者之间的被称为风险中性电力企业。企业层面的投资决策结果总和将决定最终的电源结构优化方向。

本章从电力企业的视角出发，选取了三种代表性的发电技术——煤电+CCS 技术、NGCC（天然气联合循环发电）+CCS 技术、风电技术，基于实物期权和组合优化方法，建立了大型发电企业的投资组合优化模型。模型刻画了企业面临 CO_2 价格、燃料价格、技术进步等不确定因素影响以及具有不同的风险偏好时对此三种发电技术的投资决策行为。模型采用实物期权方法结合 Monte Carlo 模拟评估单个发电技术的价值，以此得到每种发电技术未来的收益和风险分布，并采用投资组合优化模型得到最优的发电组合决策。模型同时考虑了投资者的收益、主观风险偏好和碳减排目标，其中企业的主观风险偏好采用谱风险测度方法度量。模型一方面可以为电力企业在碳减排目标下的电源结构优化，以及 CCS 技术采用规划提供决策支撑，另一方面也可以为国家对于电力部门相关的减排政策，或 CCS 技术发展相关政策制定提供决策依据。

投资组合理论可以优化资产的组合与配置，因此被广泛应用于发电投资组合决策中。Awerbuch（1995，2000）将其应用于美国的发电投资决策，分析表明在传统的发电资产中加入风能、光电能和其他的可再生能源可以降低组合的成本和风险，尽管他们单个的发电成本都较高。Krey 和 Zweifel（2006）应用 MVP 理论确定瑞士和美国的有效发电组合。Awerbuch（2004）使用同样的方法建模分析可再生能源对爱尔兰发电组合的潜在贡献。Roques 等（2008）采用蒙特卡洛模拟方法模拟得到燃气、燃煤、核电厂的投资收益回报序列，将其输入均值—方差投资组合优化模型，来确定大型电厂的基荷发电组合，并分析了燃料价格、电价、CO_2 价格及其相关性对最优组合的影响。Fuss 等（2012）采用实物期权方法分析了不确定性对电厂投资决策的影响，如市场、技术、社会经济学、政策的不确定性等。然后，采用 CVaR 风险测度方法，基于 GGI 情景数据库得到不同社会经济情景下的最优技术组合。

在对发电技术进行组合优化之前，首先需要评估单个发电技术的投资收益。这里我们同样采用实物期权方法。Min 和 Wang（2000）最早将实物期权方法应用于长期发电投资规划问题，提出了基于二叉树的期权投资模型，并采用动态规划方法求解，分析了项目间的相关性对投资决策和期权价值的影响。Davis 和 Owens

（2003）利用实物期权方法，在考虑化石能源价格和可再生能源发电成本不确定的条件下构建期权模型，评价了可再生能源发电对传统化石能源发电的替代作用。模型采用偏微分方程数值解法求解，并讨论了最优的可再生能源研发投入水平。之后，很多学者进一步考虑了排污权交易或碳减排政策对发电投资影响。如Laurikka（2006）将电价和排污权价格作为随机变量，建立了实物期权模型分析了排污权交易对芬兰电力投资的影响。之后作者在原有基础上增加了燃料的不确定性，采用实物期权法量化了在排污权交易体系中，整体煤气化联合循环发电（integrated gasification combined cycle，IGCC）技术的期权价值。Zhu 和 Fan（2011）运用期权方法建模，研究了中国电力部门采用 CCS 技术部分替代现有火电的投资风险及相应的温室气体减排量。Fuss 等（2008）考虑了欧洲电价与碳价格的不确定性，利用基于实物期权的不同发电技术评价模型分析了火电机组加装 CCS 装置后的价值以及在发电组合中的份额，并采用 Monte-Carlo 模拟进行求解。基于 Fuss 等（2008）的研究，Zhou 等（2010）在实物期权模型中引入了碳价格的不确定性并分析了中国电力部门的 CCS 技术投资策略，他们的研究讨论了中国最优的 CCS 技术投资策略并且针对气候政策对低碳技术投资决策过程的影响进行了分析。

以上关于发电投资的组合优化模型，多采用方差——即以随机变量的波动程度评估投资风险——这意味着投资者对正的收益和负的损失持相同的态度，这显然与投资者的实际感受不符。20 世纪 90 年代在险价值（value at risk，VaR）模型被引入到风险管理当中。VaR 的定义为：在一定的置信水平下，某一资产或投资组合在未来特定时间内的最大可能损失，或者说是资产组合损失分布函数的分位点数。但它主要有两个缺陷：一是不满足一致性公理；二是尾部损失测量的非充分性。因此，人们又提出了条件风险价值法（condition value at risk，CVaR）当投资者在收益的尾部呈现出风险中性的态度时，CVaR 是合适的风险度量指标。但由于投资者通常被假定为风险厌恶型的，因此 CVaR 不算好的风险度量方法。2002年 Acerbi 提出的谱风险测度，考虑了投资者的主观风险厌恶程度。谱风险测度是具有单调可加性、法则不变性、随机占优和一致性等优点的风险度量方法，该测度的一个显著特征是将理性投资者的主观风险厌恶倾向以函数式引入到一致风险测度当中，对坏的事件赋予较大的权重，这与人们对风险的主观感受相一致。

5.2　模型描述

5.2.1　单个发电技术的实物期权模型

基于 Fuss 等（2012）的研究，本章研究对象是拥有多种类型电厂的发电集团，研究视角放在电力企业的发电技术组合配置。技术选择包括煤电、NGCC 和风电这三种商业化发电技术，其中煤电和 NGCC 都可以加装 CCS 技术。由于水电还具备水利工程属性，兼具蓄水防洪作用，水电规划受地理因素影响很大，所以这里暂不考虑水电。

我们使用实物期权模型来确定煤电、NGCC 改造加装 CCS 技术的最佳时机，确定风电的最优建设时机，在此基础之上评估相应发电技术的收益。这里我们考虑了投资决策的多种柔性，企业既可以直接投资带 CCS 技术的煤电和 NGCC 电厂，也可以先投资基础电厂，在未来根据减排情况对电厂进行 CCS 改造。这样可以评价这类发电技术在具备 CCS 改造灵活性基础上的发电收益，帮助企业合理配置发电资产组合。

发电企业的投资决策可以看成一个优化问题：未来收益最大化的期望的贴现。该优化问题可以看成一个包含状态变量和控制变量的最优控制问题。状态变量、控制变量描述如下：

我们这里用 m_t 来表示状态变量，描述电厂的运行状态：基础电厂是否运行、CCS 是否安装、基础电厂+CCS 是否运行、CCS 组件是否运行。用 a_t 表示决策变量或控制变量，用来描述发电厂在第 t 年选择采取的行动。具体见表 5-1。

表 5-1

状态变量	电厂运行状态
$m_t = 0$	电厂处于停运状态
$m_t = 1$	电厂（没有加装 CCS）处于运行状态
$m_t = 2$	电厂（加装 CCS）处于运行状态，且 CCS 装置也处于运行状态
$m_t = 3$	电厂（加装 CCS）处于运行状态，但 CCS 装置处于停运状态
控制/决策变量	采取的行动决策

状态变量	电厂运行状态
$a_t = 1$	建立基础电厂
$a_t = 2$	建立基础电厂，同时加装 CCS 设备
$a_t = 3$	在原先电厂基础上加装 CCS 设备
$a_t = 4$	关闭 CCS 设备
$a_t = 5$	开启 CCS 设备
$a_t = 6$	什么都不做

在第 t 年，发电厂的决策变量 a_t 是否可行，取决于 m_t，第 t 年的可行行动集记为 $A(m_t)$。$t+1$ 年的状态 m_{t+1}，由第 t 年的 m_t 和 a_t 决定，记为 $m_{t+1} \in \Gamma(m_t, a_t)$。发电厂的投资决策优化问题如式（5-1）和式（5-2）所示：

$$\max_{\{a_t\}_{t=0}^{T}} \sum_{t=0}^{T} \frac{1}{(1+\gamma)^t} E[\pi(m_t, a_t, P_t^e, P_t^c)]$$

$$\text{s. t.} \begin{cases} a_t \in A(m_t) \\ m_{t+1} \in \Gamma(m_t, a_t) \end{cases} \tag{5-1}$$

其中，$\pi(m_t, a_t, P_t^e, P_t^c)$ 表示当年收益：

$$\pi(m_t, a_t, P_t^e, P_t^c) = q^e(m_t)P_t^e - q^c(m_t)P_t^c - q^f(m_t)P_t^f - \text{OC}(m_t) - C(a_t) \tag{5-2}$$

其中，γ 为折现率；q^e 表示发电量；P_t^e 表示第 t 年的电价；q^c 表示 CO_2 排放量；P_t^c 表示第 t 年的 CO_2 价格；q^f 表示燃料消耗量；P_t^f 表示第 t 年的燃料价格；OC 表示电厂的运营成本；$C(a_t)$ 表示行动 a_t 的投资成本。这里我们暂不考虑各种投资项目的建设周期，假设投资能够瞬间完成；投资成本不可分，也就是投资者要么选择投资，要么放弃投资。并且，为比较各发电技术的收益，假设各发电技术每年输出的发电量是相等的，由于煤电、NGCC 加装 CCS 后发电量会减少，假设减少的发电量从其他市场买入，买入价与卖出价相等。

发电企业投资的不确定性主要包括：①发电技术的运营成本（这里主要考虑 CCS 的运营成本）；②CO_2 价格；③燃料价格。考虑到化石能源的稀缺性，我们假设未来煤炭和天然气价格都将呈上升态势。参考 Kumbaroğlu 等（2008）、Fan 等（2013），假设煤炭价格、天然气价格，以及 CO_2 价格均服从几何布朗过程：

$$dP_t^{coal} = \mu^{coal}P_t^{coal}dt + \sigma^{coal}P_t^{coal}dW_t^{coal} \tag{5-3}$$

$$dP_t^{gas} = \mu^{gas} P_t^{gas} dt + \sigma^{gas} P_t^{gas} dW_t^{gas} \tag{5-4}$$

$$dP_t^c = \mu^c P_t^c dt + \sigma^c P_t^c dW_t^c \tag{5-5}$$

其中，dW_t^{coal}，dW_t^{gas} 和 dW_t^c 分别为煤炭、天然气和 CO_2 价格的维纳过程的增量；μ^{coal} 和 σ^{coal}，μ^{gas} 和 σ^{gas}，以及 μ^c 和 σ^c 分别为煤炭、天然气和 CO_2 价格漂移参数和方差参数。需要指出的是，考虑到气候政策、减排目标以及配额分配等因素对碳价的影响要远大于燃料价格对碳价的影响，本章忽略燃料价格和碳价格之间的相关性（Zhu and Fan，2011）。

在本章模型中，电价的变动取决于需求、成本和电价政策，从历史上看，我国销售电价总体呈现了逐步上涨的趋势。参考 Zhou 等（2010），我们假设电价以指数形式增长，由历史数据拟合得到：$P_t^e = P_0^e \exp(\mu^e t)$，$\mu^e = 0.02$。

发电厂的投资决策优化问题可以采用动态规划进行求解，构建 Bellman 方程如下：

$$
\begin{aligned}
V(m_t, P_t^e, P_t^c) = \max_{a_t \in A(x_t)} \{ & \pi(m_t, a_t, P_t^e, P_t^c) \\
& + \frac{1}{(1+\gamma)} E(V(m_{t+1}, P_{t+1}^e, P_{t+1}^c) \mid m_t, P_t^e, P_t^c) \}
\end{aligned}
\tag{5-6}
$$

其中，$m_{t+1} \in \Gamma(m_t, a_t)$。该动态规划问题采用蒙特卡洛模拟方法后向递归进行求解。

5.2.2 基于谱风险的发电技术组合优化模型

5.2.2.1 发电企业风险度量

谱风险测度的一个显著特征是将理性投资者的主观风险厌恶倾向以函数式引入到一致风险测度当中，对坏的事件赋予较大的权重，我们将其用于度量发电企业的主观风险偏好。

发电企业的风险偏好函数 ϕ 具有以下性质（Acerbi et al.，2002）：① ϕ 是非负的；② ϕ 是非增的；③ $\| \phi \| = 1$。

发电企业的收益用 Y 来表示，Y 是一个随机变量，发电企业面临的风险，可以

采用

$M_\phi(Y) = -\int_0^1 F_Y^{\leftarrow}(p)\phi(p)\,\mathrm{d}p$ 来度量，其中 $F_Y^{\leftarrow}(p) = \inf\{y \mid F_Y(y) \geqslant p\}$，$F_Y(y) = P(Y \leqslant y)$ 为 Y 的分布函数。发电企业的风险度量式 $M_\phi(Y)$ 的含义是，函数 $\phi(p)$ 对不同的 $-F_Y^{\leftarrow}(p)$ 赋予了不同的权重，即发电企业的风险厌恶水平越高，对损失给予的惩罚就越大。

$M_\phi(Y)$ 的表达式中含有积分，不易求解，我们给出 $M_\phi(Y)$ 的离散化近似解：

$$M_\phi^{(N)}(Y) = -\sum_{i=1}^N \phi_i Y_{i:N} \tag{5-7}$$

其中，$\phi_i = \dfrac{\phi(i/N)}{\sum\limits_{k=1}^N \phi(k/N)}$，$i = 1, \cdots, N.$，$Y_{i:N}$ 是顺序统计量，$P(X: \lim\limits_N M_\phi^{(N)}(Y) = M_\phi) = 1$（Acerbi，2002）。

5.2.2.2　投资组合优化模型

假设发电企业对三种发电技术的投资比例分别为 x_1，x_2，x_3，三种发电技术的收益分别用 π_1，π_2，π_3 来表示，CO_2 排放分别用 C_1，C_2，C_3 来表示，则发电企业的总投资收益为：$f(X, \pi) = x_1\pi_1 + x_2\pi_2 + x_3\pi_3$，收益的期望为：$E(\pi) = x_1 E(\pi_1) + x_2 E(\pi_2) + x_3 E(\pi_3)$，发电企业的投资组合的谱风险可以用式 5-8 近似度量：

$$M_\phi^{(N)}(X) = -\sum_{i=1}^N \phi_i f_{i:N}(X, \pi_i) \tag{5-8}$$

发电企业的投资组合优化模型为

$$\min: M_\phi^{(N)}(X)$$

$$\text{s.t.} \begin{cases} E(\pi) = E_0 \\ x_1 + x_2 + x_3 = 1 \\ x_1 C_1 + x_2 C_2 + x_3 C_3 \leqslant C_0 \\ 0 \leqslant x_1 \leqslant \omega_1, \ 0 \leqslant x_2 \leqslant \omega_2, \ 0 \leqslant x_3 \leqslant \omega_3 \end{cases} \tag{5-9}$$

或者是

$$\max: E(\pi)$$

$$\text{s. t.} \begin{cases} M_\phi^{(N)}(X) = M_0 \\ x_1 + x_2 + x_3 = 1 \\ x_1 C_1 + x_2 C_2 + x_3 C_3 \leqslant C_0 \\ 0 \leqslant x_1 \leqslant \omega_1,\ 0 \leqslant x_2 \leqslant \omega_2,\ 0 \leqslant x_3 \leqslant \omega_3 \end{cases} \tag{5-10}$$

其中，C_0 是总的碳排放约束；E_0 是收益约束；M_0 是风险约束。模型 5-9 和 5-10 的风险–收益优化问题的解等价于以下模型的解（Acerbi et al.，2002）：

$$\min:\ M_\phi^{(N)}(X)$$

$$\text{s. t.} \begin{cases} x_1 + x_2 + x_3 = 1 \\ x_1 C_1 + x_2 C_2 + x_3 C_3 \leqslant C_0 \\ 0 \leqslant x_1 \leqslant \omega_1,\ 0 \leqslant x_2 \leqslant \omega_2,\ 0 \leqslant x_3 \leqslant \omega_3 \end{cases} \tag{5-11}$$

其中，$M_\phi^{(N)}(X) = -\lambda E[X] + (1 - \lambda)M_\phi(X)$，$\lambda \in [0, 1]$。并且 $\hat{\phi}(\lambda) = \lambda + (1 - \lambda)\phi$。

5.2.3　模型求解

模型 5-11 的目标函数中含有顺序统计量 $f_{i:N}(X, \pi^i)$，在 X 未知时，$f_{i:N}(X, \pi^i)$ 无法表示为 X 的显性函数。令 $\Delta\phi_i = \phi_{i+1} - \phi_i$，$i = 1, \cdots, N-1$，$\Delta\phi_N = -\phi_N$，$\vec{\psi} = \{\psi_1, \psi_2, \cdots, \psi_N\}$，构建函数 $\Gamma_\phi^{(N)}(X, \vec{\psi})$ 如下：

$$\Gamma_\phi^{(N)}(X, \vec{\psi}) = \sum_{j=1}^{N-1} \Delta\phi_j \left\{ j\psi_j - \sum_{i=1}^{N} (\psi_j - f_i)^+ \right\} - \phi_N \sum_{i=1}^{N} f_i \tag{5-12}$$

则：$\min\limits_{\vec{\psi}} \Gamma_\phi^{(N)}(X, \vec{\psi}) = M_\phi^{(N)}(X)$（Acerbi，2002）。因此，模型 5-11 等价于以下的模型：

$$\min\limits_{(X, \vec{\psi})} \Gamma_\phi^{(N)}(X, \vec{\psi})$$

$$\text{s. t.} \begin{cases} x_1 + x_2 + x_3 = 1 \\ x_1 C_1 + x_2 C_2 + x_3 C_3 \leqslant C_0 \\ 0 \leqslant x_1 \leqslant \omega_1,\ 0 \leqslant x_2 \leqslant \omega_2,\ 0 \leqslant x_3 \leqslant \omega_3 \end{cases} \tag{5-13}$$

式 5-12 的目标函数中含有分段函数，构建辅助变量 $Z_{ij} = (\psi_j - f_i)^+$，则式 5-13 等价于以下的线性规划模型：

$$\min_{(X, \, \psi, \, Z)} \sum_{j=1}^{N-1} \Delta \hat{\phi}_j \{ j\psi_j - \sum_{i=1}^{N} Z_{ij} \} - \hat{\phi}_N \sum_{i=1}^{N} f_i$$

$$\text{s. t.} \begin{cases} x_1 + x_2 + x_3 = 1 \\ x_1 C_1 + x_2 C_2 + x_3 C_3 \leqslant C_0 \\ 0 \leqslant x_1 \leqslant \omega_1, \ 0 \leqslant x_2 \leqslant \omega_2, \ 0 \leqslant x_3 \leqslant \omega_3 \\ Z_{ij} \geqslant 0, \ i = 1, 2, \cdots, N, \ j = 1, 2, \cdots, N-1 \\ Z_{ij} \geqslant \psi_j - f_i, \ i = 1, 2, \cdots, N, \ j = 1, 2, \cdots, N-1 \end{cases} \quad (5\text{-}14)$$

大样本路径模拟一般到 1000 条以上时开始收敛，为获得较好的收敛性，对 5.2.1 节中的动态规划问题，本章模拟了 10000 条路径。之后，将模拟得到的每种发电技术的收益分布代入组合优化模型 5-14 中进行分析。选择投资期 T 为 30a，无风险利率为 0.05。模型中变量个数为 $N^2 + 2$（N = 10000），超出了 Matlab 运算范围。为了简化分析，我们假设发电企业的可容性谱风险 ϕ 为常数分段函数，有 J 个跳跃点：$p_1, \cdots, p_J$，令 $\hat{\phi}(\lambda) = \lambda + (1 - \lambda)\phi$，则式（5-14）转化为

$$\min_{(\omega, \, \psi, \, Z)} \sum_{j \in J} \Delta \hat{\phi}_j \{ j\psi_j - \sum_{i=1}^{N} Z_{ij} \} - \hat{\phi}_N \sum_{i=1}^{N} f_i$$

$$\text{s. t.} \begin{cases} x_1 + x_2 + x_3 = 1 \\ x_1 C_1 + x_2 C_2 + x_3 C_3 \leqslant C_0 \\ 0 \leqslant x_1 \leqslant \omega_1, \ 0 \leqslant x_2 \leqslant \omega_2, \ 0 \leqslant x_3 \leqslant \omega_3 \\ Z_{ij} \geqslant 0, \ i = 1, 2, \cdots, N, \ j \in J \\ Z_{ij} \geqslant \psi_j - f_i, \ i = 1, 2, \cdots, N, \ j \in J \end{cases} \quad (5\text{-}15)$$

其中，$J = \{ k \mid \Delta \hat{\phi}_k \neq 0, \ k \leqslant N - 1 \}$，式（5-15）中变量个数减少为 $J * N + J + 3$，进而可以在 Matlab 中对以上线性规划进行求解。

5.3 案 例 分 析

这里我们考虑一家发电企业在煤电、NGCC、风电这三种发电技术中进行组合优化。其中，煤电和天然气联合循环发电均可在运营过程中加装 CCS 装置。加装 CCS 装置后，考虑到需要有额外耗能用作捕获，电厂的净输出功率和电力转换效率均会有所下降。这里需要说明的是，因为我们研究关注的是发电企业的发电资

产配置优化，故这里暂不考虑企业的可用资金限制。

5.3.1 发电技术参数设定

本章涉及的发电技术（煤电、煤电+CCS、NGCC、NGCC+CCS，以及风电）的相关技术参数如表 5-2 所示。

表 5-2 电厂技术参数列表

参数	煤电	煤电+CCS	NGCC	NGCC+CCS	风电
电厂净输出功率/MW	1 000	709	1 000	838	3 270
负荷因子/%	0.85	0.85	0.85	0.85	0.26
电力输出/（MWh/a）	7 446 000	5 280 000	7 446 000	6 240 000	7 446 000
电力转换效率/%	0.46	0.33	0.58	0.48	—
燃料消耗量/（TJ/a）	57 600	57 600	46 800	46 800	0
运营成本/（元/a）	8.5×10^7	1.1×10^8	1.4×10^8	2.2×10^8	1.55×10^9
CO_2 排放/（t/a）	5 584 128	591 360	2 625 480	324 480	0
共同部分/元	4.0×10^9	4.0×10^9	3.8×10^9	3.8×10^9	—
CCS 成本/元		6.0×10^8		2.0×10^9	
总共的资金成本/元	4.0×10^9	4.6×10^9	3.8×10^9	5.8×10^9	3.4×10^{10}

资料来源：Projected costs of generating electricity（IEA）、IPCC（2006）

5.3.2 情景设定

为了分析各不确定因素对企业发电投资决策的影响，我们设定了包括参考情景在内的 6 种情景（表 5-3）。分别考察 CO_2 价格不确定性，CCS 技术进步，碳排放目标约束，以及企业主观风险偏好对企业最优发电资产组合配置的影响。

表 5-3 6 种情景介绍

情景	情景介绍
参考情景	设置煤初始价格为 0.16 元/kWh，漂移参数为 0.003，价格波动方差参数为 0.07，参数取值参考寻斌斌（2011）；天然气初始价格为 0.7 元/m^3，漂移参数为 0.037，价格波动方差参数为 0.14，参数取值参考 Fan 和 Mo（2013）；CO_2 价格漂移参数为 0.02，波动方差参数为 0.1，参数取值参考 Zhu 和 Fan（2011）；不考虑 CCS 的技术进步；不考虑碳减排约束

情景	情景介绍
情景1	考察CO_2价格不确定性对企业投资决策的影响，分别就CO_2价格升高和CO_2价格波动加大两种情况进行分析
情景2	考察碳排放目标约束对企业投资决策的影响
情景3	考察技术进步引起的CCS投资成本降低对企业投资决策的影响
情景4	考察企业的主观风险偏好对其投资决策的影响，比较了风险中性电力企业和谨慎电力企业的投资决策

5.3.3 结果分析

考虑到空间、地理位置限制，在组合中风电设置比例上限0.3。参考情景下的企业投资决策结果如图5-1所示。

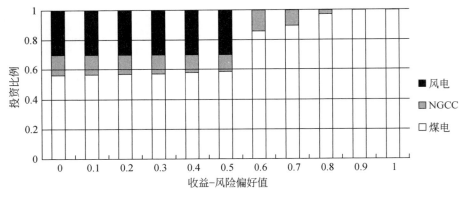

图5-1　参考情景下企业的投资决策

参考情景下，因为赋予了加装CCS的柔性，并且考虑了风电资源限制，企业资产配置仍然以煤电为主，在所有收益-风险值下，煤电比例均高于50%，在收益-风险值较高时（大于0.6），风电被移出企业发电资产配置。接下来我们将展示不同情景下的电力企业发电资产配置结果。

5.3.3.1 情景1：碳价格变动对投资决策的影响

参考EU-ETS中的碳价格水平，本章给出的CO_2初始价格为25元/t。考虑到未来CO_2价格的不确定性，我们考虑一种高CO_2价格情景，假设CO_2初始价格为

50 元/t，计算结果见图 5-2。由图可以看出：①在基准碳价情景下，跟风电相比，天然气发电和煤电发电具有成本优势，投资天然气发电的期望收益是投资风电收益的 1.18 倍，投资煤电的期望收益是投资风电收益的 1.23 倍，而在高碳价情景下，因为都具备 CCS 技术改造的灵活性，煤电因为高排放，成本优势低于 NGCC，投资 NGCC 的期望收益是投资煤电期望收益的 1.04 倍，这使得天然气发电比例有所增加。②风电仅在企业收益-风险偏好值大于 0.9 时才被移出发电组合，体现了高碳价情景下风电对企业发电资产配置的重要性。③相比 CO_2 初始价格为 25 元/t，高碳价情景下发电资产有效前沿面上最大收益组合的收益下降了 10%，尽管同时具备无碳技术（风电）和 CCS 技术，较高的碳价还是会在很大程度上影响企业的收益。

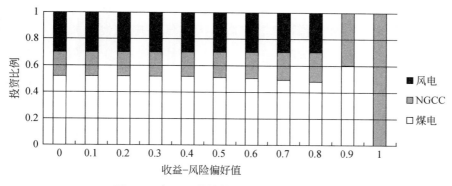

图 5-2　高 CO_2 价格情景下企业的投资决策

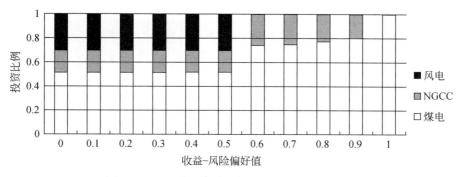

图 5-3　CO_2 价格高波动情景下企业的投资决策

其次，考虑 CO_2 价格波动加大对发电组合的影响。我们将 CO_2 价格波动 20% 作为高波动情景，带入投资组合优化模型中进行计算，结果如图 5-3 所示。

对比图 5-1 和图 5-2，可以看出，在高 CO_2 价格波动情景中，最优组合中不同发电技术变化比例相对参考情景变化不大，煤电所占比例略有减小，天然气发电所占比例略有增加。当碳价格相对较低时（25 元/t），因为存在改造加装 CCS 的灵活性，碳价格波动的加大尽管会增加煤电和天然气发电的相对收益波动，但是不会在根本上改变这两种技术的收益水平，对企业发电资产配置的影响相对较小。

5.3.3.2 情景2：碳排放约束对投资决策的影响

随着中国政府的温室气体单位排放强度下降目标的提出，电力行业也或将面临单位发电量碳强度目标的约束，排放强度量化目标对电力行业提出了严峻的挑战。我们这里考虑 CO_2 排放强度约束为 0.31t CO_2/MWh，结果如图 5-4。在存在排放约束时，与碳价格提高的计算结果类似，天然气发电比例大幅提高（以收益风险偏好值等于 0.5 为例，参考情景下，最优组合中煤电和天然气发电所占比例分别为 0.58 和 0.12，而在碳排放约束情景下则为 0.32 和 0.38），风电仅在企业收益–风险偏好值大于 0.9 时才被移出发电组合。由此可见，尽管 CCS 改造存在灵活性，在单位发电量的排放强度目标相对较严格时，电力企业会更加青睐风电和 NGCC，以保证完成排放强度目标。

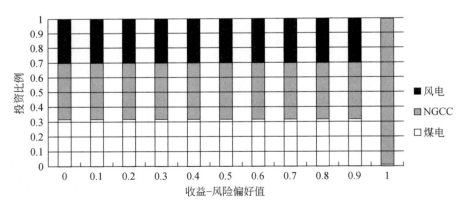

图 5-4　碳排放约束情景下企业的投资决策

5.3.3.3 情景3：考虑 CCS 技术进步对投资决策的影响

推广 CCS 技术是目前国际社会减少温室气体排放的重要技术选项之一。考虑到 CCS 技术尚未成熟，未来技术整体成本有望进一步大幅下降。参考 Zhou 等 (2010) 对技术进步的设定，考虑 CCS 的投资成本以指数方式递减（$OC_t = OC \times e^{-at}$，$a = 0.02$）。将考虑 CCS 技术进步的情景带入投资组合中进行求解，结果如图 5-5。因为都具备 CCS 技术改造的灵活性，相比参考情景，在最优发电组合中，天然气发电比例有所上升，而煤电比例略微下降（以收益-风险偏好值等于 0.5 为例，参考情景下，最优组合中煤电和天然气发电所占比例分别为 0.59 和 0.11，而在考虑 CCS 技术进步情景下则为 0.55 和 0.15）。这主要因为，煤电厂的 CO_2 排放量要远大于天然气电厂的 CO_2 排放量，所以参考情景下天然气电厂单位减排量的 CCS 成本高于煤电厂单位减排量的 CCS 成本。而 CCS 技术的投资成本下降后，天然气电厂带来的额外成本下降要大于煤电厂。从计算结果看，因为同样存在 CCS 技术改造的灵活性，NGCC 的发展要更多的受益于 CCS 技术成本的下降，进而在与煤电厂的竞争中占据更多优势。

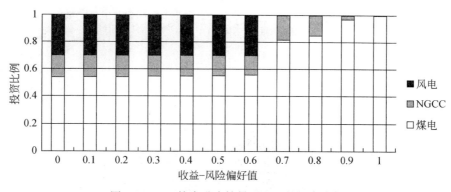

图 5-5　CCS 技术进步情景下企业的投资决策

5.3.3.4　情景 4：不同风险测度对投资决策的影响

我们在建模中采用谱风险测度来衡量电力企业发电资产配置组合的相应风险水平。图 5-6 为初始碳价格 25 元/t 时，煤电、天然气发电和风电三种发电组合在 CVaR（置信水平 90%）和谱风险测度（$J = 2$，$p_1 = 0.05$，$p_2 = 0.1$）下的效率前沿曲线，这是组合收益最大化、风险最小化应该达到的最优点的集合。由图 5-6 可以看出：①相比风险中性投资者，谨慎投资者的风险-收益有效前沿上移。风险中性投资者对超过置信水平 90% 的投资损失的态度不变，即对这部分损失无论大小均赋予相同的权重，而谨慎发电企业对损失大小的态度是不一样的，损失越大，风险厌恶水平就越高，对损失给予的权重就越大。从风险–收益有效前沿曲线看出，相同收益下，谱风险测度的风险值高于 CVaR 测度的风险值，谱风险测度可以较好的度量谨慎投资者的主观风险偏好。②只考虑风险，即 $\lambda = 0$ 时，经计算可知在 CVaR 风险测度下，风险中性投资者对煤电、NGCC、风电的投资比例分别为 0.57，0.13，0.3。在谱风险测度下，计算出谨慎投资者对煤电、NGCC、风电的投资比例分别为 0.52，0.18，0.3。随着 λ 从 0 变到 1，煤电比例不断减小，天然气发电比例不断加大，投资者由偏好风险向偏向收益转移。

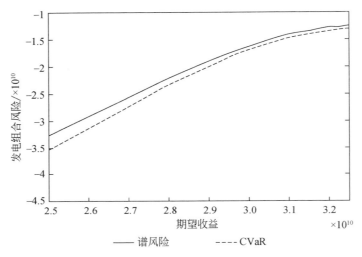

图 5-6　CVaR、谱风险测度下发电组合的效率前沿线

5.4　本章小结

在温室气体减排压力下，电力企业的投资将面临比以往更大的不确定性。除了传统地考虑电价波动、燃料价格波动等因素外，电力企业还要充分考虑国家关于碳税或排放交易机制等减排政策的潜在影响。并且 CCS 技术的存在也为电力企业进一步投资火电带来了较大的灵活性。此外，企业本身的不同风险偏好对其决策行为和结果也有着重要的影响。本章分析了电力企业的投资组合决策，所得结论如下：

（1）相比 CO_2 价格波动程度增加，CO_2 价格升高对发电企业的最优发电资产组合配置结果影响更为明显。因为煤电和 NGCC 都具备 CCS 改造的灵活性，当 CO_2 价格增加时，煤电的成本优势不再显著，发电企业更倾向于投资 NGCC 和风电。同时 CO_2 价格的升高会导致发电企业整体收益的下降。

（2）与此同时，因为煤电电厂的 CO_2 排放量远大于天然气电厂的 CO_2 排放量，CCS 的投资成本下降使得天然气电厂在减排中可以更多受益，所以 CCS 成本下降会在更大程度上促进 NGCC 的发展。

（3）电力行业的 CO_2 减排目标设定对企业投资决策同样影响较大，考虑排放约束时，最优组合中煤电比例下降，天然气发电比例上升。

本章是从电力企业视角探讨发电资产组合配置的优化问题。如果从政府的角度来看，根据计算结果，国家在制定电源结构规划时，除考虑不同发电技术本身的成本和发展潜力，以及减排相关的因素之外，还需要将不同电力企业的风险偏好同时纳入考虑，注重不同减排政策的实施对不同风险偏好企业发电技术选择的影响。此外，政府通过在电力部门制定合理的碳强度减排目标，可以在保证电力企业收益的条件下，引导企业投资 CCS 技术，并促进整个电源结构朝着低碳化方向演进。

|第6章| 全流程 CCS-EOR 项目中不同利益相关方的收益–风险分析

在分析电力部门 CCS 技术投资决策和整个发电组合优化的基础上，我们将研究对象由捕获部分拓展到 CCS 的全流程。碳捕获、封存与利用（carbon capture, utilization and storagg，CCUS）项目全流程的发展需要不同利益相关方的合作。本章针对全流程的 CCS-EOR 项目，展示了两种利益相关方（电厂和油田）的收益–风险分析。两者之间的联系（在 CO_2 的捕获与利用中）反映在合同设计中关于价格制定和成本分担的条款中。模型在考虑不确定性因素和不同利益相关方的运营灵活性后，可以分别评估 CCS-EOR 项目中的电厂和油田的收益与风险。本章的方法可以帮助 CCS 价值链中不同的利益相关方更好地识别其收益与风险水平，以支持其在全流程的 CCS 项目中相关方之间关于成本与风险分担的谈判。

6.1 引　　言

在之前的分析中，我们多关注电厂对于 CCS 技术采用的经济性分析，而 CCS 是由三个主要部分组成的一系列技术：CO_2 的捕获、运输与封存。只有当捕获的 CO_2 被封存在地下并长期与大气隔绝，这项技术才能实现真正的减排。近年来，大部分国内的 CCS 示范项目只重视 CO_2 的捕获，忽略了处置捕获的 CO_2 的问题。2010 年，为了促进全流程 CCS 示范项目的发展，中国政府提出了 CCUS 的概念，CCUS 将"CO_2 利用"加入了现有的包括捕获、运输和封存的 CCS。CO_2 利用的方法主要包括提高原油采收率（EOR）、提高煤层气的采收率（ECBM）和用于食品行业，其中 EOR 被认为是利用 CO_2 最可行的选择。

CCUS 的全流程发展需要不同利益相关方之间互相合作。对于 CO_2 的利用，捕获的 CO_2 可以看做一种生产资源，因此可以进行定价。CO_2 的利用不仅补偿了电厂改造、捕获 CO_2 的额外成本，还为利用该资源（EOR 或 ECBM）生产的相关方创造了价值。作为这种资源（捕获的 CO_2）的生产方与消费方，在全流程的 CCUS 发展过程中必然遇到一个问题：在不同利益相关方之间的成本–收益分配问题。以 CCS-EOR 项目为例，捕获的 CO_2 来自电厂，将被运输到油田用于 EOR。CO_2 的捕获与 EOR 的运营分别属于电厂与油田。给出这些相关方面临的项目内部与市场的不确定性因素，定义全流程项目中不同利益相关方之间的成本与风险分担将非常重要。

在此前大部分的研究中，关于 CCS 的经济可行性的研究主要关注捕获过程（Abadie and Chamorro，2008；Fuss et al.，2008；Fleten and Näsäkkälä，2009；Heydari et al.，2010；Zhu and Fan，2011，2012；Zhang et al.，2014；Mo and Zhu，2014），很少关注到全流程的 CCS 评价。本章展示了全流程的 CCS-EOR 项目中的两种相关方（电厂和油田）的收益–风险分析。在考虑了主要不确定性因素和运营的灵活性后，本章建立了基于不确定条件下的净现值（NPV）模拟方法。电厂和油田将分别评估其利用 CO_2 的收益，它们之间的关系（在 CO_2 捕获与利用的合同下）将体现在对捕获的 CO_2 的结算价格、CO_2 运输成本的分担与 CO_2 封存的额外成本的谈判及合同条款中。在现有的合同情景分析中，两个利益相关方的收益与风险在不同的合同下分别进行模拟。这可以帮助 CCS 价值链中不同的利益相关方更好地识别其收益与风险水平，为其在全流程 CCS-EOR 项目中成本与风险分担的谈判提供一个通用的分析工具。

6.2　模型介绍

在本章模型中，我们考虑了两个主体：电厂与油田。全流程的 CCS-EOR 项目包括三部分：①对燃煤电厂进行改造，捕集 CO_2；②电厂与油田之间铺设管道运输 CO_2；③油田注入 CO_2 用于驱油与封存。两个主体分别独立核算因 CCUS 带来的增量成本及收益。电厂与油田间的利益核算与分摊包括三方面：①电厂将捕获的 CO_2 以一定的价格出售给油田；②CO_2 管道运输建设与运营成本分摊。③额外的 CO_2 封存成本分摊。假设油田不储存 CO_2，若捕获的 CO_2 驱油的经济性不高，则将其封存在枯竭的油气田中，并且油田的封存能力大于项目运营期内的封存量。

6.2.1 捕获方的成本-收益核算

6.2.1.1 增量投资成本核算

电厂加装 CO_2 捕获装置的增量成本来自两个部分：投资成本与运营成本。投资成本主要包括：土建、捕集设备和压缩设备投资。总的投资成本为

$$C_{CapFixed} = C_{cons} + C_{comp} + C_{pump} \tag{6-1}$$

其中，C_{cons} 为土建和捕获设备投资，这里参考 Jeremy 和 Herzog（2000）的研究，根据单位 CO_2 流率所需要的投资来核算电厂加装 CO_2 捕获设备的成本，$C_{cons} = FR \cdot Ce$（FR 为 CO_2 流率，单位为 tCO_2/h，Ce 为单位流率所需投资成本，单位为元·h/tCO_2）。压缩设备包括压缩机成本（C_{comp}）和泵成本（C_{pump}）。在给定电厂装机的条件下，我们可以根据设备全捕获条件下的捕获率估算电厂每年的 CO_2 捕获量 q_{CO_2}，进而计算所需要的压缩机和泵的数量，具体见附录 A1。

电厂每年的捕获量为

$$q_{CO_2} = X_F \cdot cap \cdot t \cdot ef \cdot capr \tag{6-2}$$

其中，X_F 为电厂的装机容量，单位为 MW；cap 为电厂的容量因子；t 为每年发电的小时数；ef 为电厂的排放因子，单位为 tCO_2/MWh；capr 为电厂的捕获率。

6.2.1.2 增量运营成本核算

电厂每年进行 CO_2 捕获的运营成本包括：①设备的运行与维护成本；②增加的燃料与吸收剂成本；③因增加捕集系统导致的电力输出损失。具体核算为

$$C_{capO\&M} = C_{faci} + C_{fuel} + C_{ele} \tag{6-3}$$

其中，C_{faci} 为设备的运行维护成本，与 CO_2 捕获量有关，$C_{faci} = k_{capfaci} \cdot q_{CO_2}$，（$k_{capfaci}$ 为捕集压缩设备运行成本系数，单位为元/t）；C_{fuel} 为每年增加的燃料与吸收剂成本，与年 CO_2 捕获量 q_{CO_2} 有关，$C_{fuel} = (v \cdot p_{va} + a \cdot p_{ab}) \cdot q_{CO_2}$（$v$ 和 a 分别为每捕获 1 单位 CO_2 所需消耗的蒸汽和吸收剂数量，单位为 t/tCO_2；p_{va} 和 p_{ab} 分别为每单位蒸汽和吸收剂的价格，单位为元/t）；C_{ele} 为每年的因 CO_2 捕集导致的电力输出损失，$C_{ele} = l_{ele} \cdot p_{ele} \cdot q_{CO_2}$（$l_{ele}$ 为单位 CO_2 捕获带来的输出损失，单位为 kWh/tCO_2；p_{ele} 为

电力价格，单位为元/kWh）。需要说明的是，发电量损失属于或有成本（foregone electricity loss），为了更全面的估算电厂加装捕获装置后成本与损失，我们将这部分发电量损失作为成本纳入核算。

6.2.1.3　电厂额外收入核算

电厂额外收入与每年的 CO_2 捕集量 q_{CO_2} 相关。因为 CCS 技术是针对化石能源使用而导致的温室气体排放，因此本章中考虑了赋予 CO_2 价格 p_{CO_2}。p_{CO_2} 既可以被理解为是电力企业对其所造成的排放所付出的代价（电力企业采用 CCS 技术后可以避免因采用化石能源发电而需要付出的额外代价）；也可以被理解为电力企业因出售温室气体核定减排量而获得的额外收入（电力企业采用 CCS 技术之后可以通过出售核定减排量获得额外收益，进而补贴其采用 CCS 技术所导致的额外成本）。因为在捕集过程中增加了能源消耗，故设定捕集的 CO_2 中有效减排量比例为 η_{CO_2}。则电厂每年因减排而带来的收入为

$$r_{Abe} = p_{CO_2} \cdot \eta_{CO_2} \cdot q_{CO_2} \tag{6-4}$$

同时因为 CO_2 利用方式的存在，电厂通过出售捕集的 CO_2 给油田进行 EOR，同样可以获得收入。设定电厂出售价格 p_{EOR}，为油田用来驱油的 CO_2 年使用量为 q_{EOR}，这里需要说明的是，p_{EOR} 和 q_{EOR} 由电厂和油田共同决定。则这部分收入为

$$r_{EOR} = p_{EOR} \cdot q_{EOR} \tag{6-5}$$

6.2.2　封存方的成本–收益分析

捕集的 CO_2 会全部通过管道运输到油田。油田可以将这部分 CO_2 注入井下驱油，提高原油采收率，也可以直接封存到废弃的油井内。

6.2.2.1　油田 EOR 成本核算

首先分析 CO_2 用于驱油时，油田的成本与收入。对于油田 EOR 的成本，本章参照 McCollum（2006b）的方法，按模块计算，关于模块数量 n_{module} 的计算，具体请见附录 A2。由于使用 CO_2 驱油的油田主要为使用其他方式难以驱油的油田，因此无需重新钻井，只需改造原有钻井即可，故建设期的成本为注入设施和生产设

施的购置与安装费用之和（Heddle，2003）：

$$
\begin{cases}
C_{\text{EORFixed}} = C_{\text{Iinj}} + C_{\text{Ipro}} \\
C_{\text{Iinj}} = C_{\text{incomp}} + C_{\text{plant}} + C_{\text{line}} + C_{\text{coll}} + C_{\text{elefac}} + C_{\text{recon}} \\
C_{\text{Ipro}} = C_{\text{oilline}} + C_{\text{oilpump}} + C_{\text{othfac}}
\end{cases}
\tag{6-6}
$$

其中，C_{Iinj} 为注入设施成本；C_{Ipro} 为生产设施成本；C_{incomp} 为注入前压缩设备成本；C_{plant} 为注入厂房的成本；C_{line} 为管线铺设成本；C_{coll} 为集水器成本；C_{elefac} 为驱油所用的电力设施成本；C_{recon} 为注入井改造成本；C_{oilline} 为输油管线成本；C_{oilpump} 为油泵的成本；C_{othfac} 为其他设备的成本。

驱油期间，每年油田的运营成本包括钻井日常开支、地面维护费、地下维护费、电费、和购买 CO_2 的成本（Heddle et al.，2003）：

$$
\begin{cases}
C_{\text{EORO\&M}} = C_{\text{dai}} + C_{\text{sur}} + C_{\text{sub}} + c_{\text{CO}_2} + C_{\text{ele}} \\
C_{\text{dai}} = C_{\text{dadm}} + C_{\text{dlab}} + C_{\text{dtool}} + C_{\text{dconsu}} \\
C_{\text{sur}} = C_{\text{slab}} + C_{\text{srep}} + C_{\text{sfac}} + C_{\text{soth}} \\
C_{\text{sub}} = C_{\text{suwell}} + C_{\text{sureme}} + C_{\text{sumai}} + C_{\text{suoth}} \\
c_{\text{CO}_2} = p_{\text{EOR}} \cdot q_{\text{EOR}} \\
C_{\text{ele}} = p_{\text{ele}} \cdot (e_{\text{com}} \cdot q_{\text{CO}_2\text{in}} \cdot r_{\text{CO}_2\text{rec}}(i) + (e_{\text{pump}} + e_{\text{sep}} + e_{\text{oth}}) \cdot q_{\text{oil}})
\end{cases}
\tag{6-7}
$$

其中，C_{dai} 为钻井日常开支；C_{dadm} 为管理费；C_{dlab} 为钻井的人工费；C_{dtool} 为操作工具费用；C_{dconsu} 为易耗品费用；C_{sur} 为地面维护费；C_{slab} 为地面维护的人工费；C_{srep} 为替换品及服务；C_{sfac} 为地面维护的设备使用费；C_{soth} 为地面维护的其他费用；C_{sub} 为地下维护费；C_{suwell} 为机修井服务费；C_{sureme} 为补救费用；C_{sumai} 为地下维护的设备维修费；C_{suoth} 为地下维护的其他费用；c_{CO_2} 为购买 CO_2 的成本；关于电费成本 C_{ele}，在 CO_2-EOR 过程中，主要由以下三方面耗电：CO_2 压缩、原油抽吸和碳氢化合物分离。这三个过程分别耗电 $e_{\text{(com)}}$（kWh/tCO_2），e_{pump}（kWh/bbl），和 e_{sep} kWh/bbl。此外还有油气分离、CO_2 脱水等也需要消耗电能，耗电为 $e_{\text{(oth)}}$（kWh/bbl）。此外，$q_{\text{CO}_2\text{in}}$ 为每年注入井下的 CO_2，$r_{\text{CO}_2\text{rec}}(i)$ 是第 i 年 CO_2 回收的比例，q_{oil} 为每年通过 CO_2-EOR 驱采的原油产量。

6.2.2.2 油田 EOR 收入核算

驱油期间，油田的额外收入为采用 CO_2-EOR 驱油获得的收入：

$$r_{oil} = p_{oil} \cdot q_{oil} \qquad (6-8)$$

其中, p_{oil} 为油价; q_{oil} 为驱油量。

这里需要说明的是, 电厂每年可以捕获的 CO_2 量可以很大程度上稳定在某个水平, 而油田的驱油量则取决于每年注入的 CO_2 量 $q_{CO_2,in}$ 和 EOR 效率 e_{EOR}, $q_{oil} = q_{CO_2,in} \cdot e_{EOR}$。 $q_{CO_2,in}$ 包括两部分: ①从电厂购买的 q_{EOR}; ②从上一年驱油后回收的 CO_2 ($q_{CO_2,in}(t-1) \cdot r_{CO_2rec}(t)$, r_{CO_2rec} 为 CO_2 回收率)。因此 $q_{CO_2,in}(t) = q_{EOR}(t) + q_{CO_2,in}(t-1) \cdot r_{CO_2rec}(t)$。

6.2.2.3 油田封存成本核算

由于将 CO_2 注入废井, 因此不需勘探地形、钻井等工作。这里, 本章参考 McCollum (2006), 封存投资仅为管线与连接设备费:

$$C_{StorFixed} = N_{well} \cdot c_1 \times \left(\frac{c_2}{c_3 N_{well}} \right)^{0.5} \qquad (6-9)$$

其中, N_{well} 为钻井的个数; c_1, c_2, c_3 为常数, 通常取经验数值。

在注入期, CO_2 注入废弃油井的成本包括钻井日常开支、消耗品成本、地面维护费和地下维护费 (EIA, 1996), 即

$$C_{StorO\&M} = C_{dailyd} + C_{consd} + C_{surd} + C_{subsurd} \qquad (6-10)$$

其中, C_{dailyd} 为钻井日常开支, $C_{dailyd} = c_4 N_{well}$ (c_4 为常数, 取经验数值); C_{consd} 为消费品的成本, $C_{consd} = c_5 N_{well}$ (c_5 为常数, 取经验数值)。 C_{surd} 为地面维护费, $C_{surd} = N_{well} \cdot c_6 \cdot \left(\frac{q_{CO_2}}{c_7} \right)^{0.5}$ (c_6, c_7 为常数, 取经验数值)。 $C_{subsurd}$ 为地下维护费, $C_{subsurd} = N_{well} \cdot (c_8 \cdot d/c_9)$ (c_8, c_9 为常数, 取经验数值)。这里所需钻井数 N_{well} 的计算方法见附录 A3。

6.2.3 CO_2 运输成本核算

给定电厂与油田之间的 CO_2 运输管道长度为 L, 根据 McCollum 方程 McCollum (2006), 运输管道的投资成本为

$$C_{TranFixed} = FL \cdot FT \cdot L \cdot c_{Tran} \qquad (6-11)$$

其中, FL 为地区因子; FT 为地形因子; c_{Tran} 为单位长度的投资成本。表达式为,

$c_{\text{Tran}} = c_{10} \times m^{0.35} \times L^{0.13}$ （ c_{10} 为常数，取经验数值； m 为每天 CO_2 的流量，单位为 tCO_2/d ）。

根据 McCollum（2006），按 CO_2 流量计算得到的运输费用与取一定比例计算的运输费用差距不大，为了简化，这里我们直接取一定比例计算。运输成本取初期建设成本比例为 η_2，故每年的运行维护成本为

$$C_{\text{TranO\&M}} = \eta_2 \cdot C_{\text{TranFixed}} \tag{6-12}$$

6.2.4　电厂与油田的净现值分析

6.2.4.1　电厂与油田之间的风险分担

在 CCS-EOR 项目中，电厂与油田在成本核算中需要界定的部分包括运输成本和 CO_2 直接封存成本。本章设定在这两部分的成本中采取按比例分摊的方式。CO_2 运输部分，假设电厂在管道建设和投资中的成本分摊比例为 λ_{Tran}（ $\lambda_{\text{Tran}} \in [0, 1]$，当 $\lambda_{\text{Tran}} = 1$ 时，CO_2 运输所有成本由电厂承担；当 $\lambda_{\text{Tran}} = 0$ 时，CO_2 所有运输成本由油田承担）。CO_2 直接封存部分，假设成分分摊比例为 λ_{Stor}（ $\lambda_{\text{Stor}} \in [0, 1]$，当 $\lambda_{\text{Stor}} = 1$ 时，CO_2 所有封存成本由电厂承担；当 $\lambda_{\text{Stor}} = 0$ 时，CO_2 所有封存成本由油田承担）。

6.2.4.2　电厂与油田的净现值计算

根据之前对电厂和油田的相关成本和收入核算结果，假设投资成本在期初一次性完成，我们可以给出电厂和油田的净现值计算式：

$$
\begin{aligned}
\text{NPV}_{\text{Plant}} = &\sum_{t=1}^{T} r_{\text{Abe}}(t) \cdot e^{-t} + \sum_{t=1}^{T} r_{\text{EOR}}(t) \cdot e^{-t} - C_{\text{CapFixed}} - \sum_{t=1}^{T} C_{\text{capO\&M}}(t) \cdot e^{-t} \\
&- \lambda_{\text{Tran}} \cdot \left[C_{\text{TranFixed}} + \sum_{t=1}^{T} C_{\text{TranO\&M}}(t) \cdot e^{-t} \right] \\
&- \lambda_{\text{Stor}} \cdot \left[C_{\text{StorFixed}} + \sum_{t=1}^{T} C_{\text{StorO\&M}}(t) \cdot e^{-t} \right] \\
&- \sum_{t=1}^{T} \text{Tax}_{\text{Plant}}(t) \cdot e^{-t} - \sum_{t=1}^{T} \text{Capital}_{\text{Plant}}(t) \cdot e^{-t}
\end{aligned} \tag{6-13}
$$

$$\begin{aligned}
\mathrm{NPV_{Oil}} =& \sum_{t=1}^{T} r_{\mathrm{oil}}(t) \cdot e^{-t} - C_{\mathrm{EORFixed}} - \sum_{t=1}^{T} C_{\mathrm{EORO\&M}}(t) \cdot e^{-t} \\
& - (1 - \lambda_{\mathrm{Tran}}) \cdot \left[C_{\mathrm{TranFixed}} + \sum_{t=1}^{T} C_{\mathrm{TranO\&M}}(t) \cdot e^{-t} \right] \\
& - (1 - \lambda_{\mathrm{Tran}}) \cdot \left[C_{\mathrm{StorFixed}} + \sum_{t=1}^{T} C_{\mathrm{StorO\&M}}(t) \cdot e^{-t} \right] \\
& - \sum_{t=1}^{T} \mathrm{Tax_{Oil}}(t) \cdot e^{-t} - \sum_{t=1}^{T} \mathrm{Capital_{Oil}}(t) \cdot e^{-t}
\end{aligned} \tag{6-14}$$

其中，T 为 CCS-EOR 项目运营年限；$\mathrm{Tax_{Plant}}$ 和 $\mathrm{Capital_{Plant}}$ 分别为电厂 CO_2 捕获相关的年度税金和融资成本；$\mathrm{Tax_{Oil}}$ 和 $\mathrm{Capital_{Oil}}$ 分别为油田 CO_2-EOR 相关的年度税金和融资成本。税金与融资成本的计算见附录 A4。

6.2.5 两个利益相关方的风险分担

6.2.5.1 不确定性因素与模拟

在 NPV 核算中，我们考虑了 CCS-EOR 全流程项目中不同因素的潜在风险对项目价值核算的影响。项目执行过程中的不确定因素主要来自两个部分：①项目本身的不确定性，包括 Ce，C_{comp}，C_{pump}，C_{dai}，C_{sur}，C_{sub}，$C_{\mathrm{StorFixed}}$，C_{dailyd}，C_{consd}，C_{surd}，C_{subsurd}；②市场的不确定性，包括 p_{oil}、p_{CO_2}、p_{ele}、v。针对这些参数，我们分别给出其不确定分布范围。

为了分析项目中存在的不确定性因素对项目的影响，本章采取蒙特洛模拟的方法，模拟得到各评价指标的概率分布。根据给出的不确定性因素的分布 F_1，F_2，$\cdots$，F_n，生成 n 个随机数 x_1，x_2，$\cdots$，x_n，计算项目的净现值（$G(x_1$，x_2，$\cdots$，$x_n)$）。重复上述步骤 M 次，得到各评价指标的 M 个样本，依据 M 个样本，得到 NPV 近似的概率分布。

6.2.5.2 电厂与油田间的风险分担与合同设计

电厂与油田通过捕获的 CO_2 供货合同设计进行收益和风险分摊。模型中具体可调节的因素包括：

（1）CO_2 供货价格 p_{EOR}。p_{EOR} 既可以固定，也可以与油价或发电燃料价格挂

钩，进行动态调整。

（2）CO_2 用于 EOR 的量 q_{EOR}，电厂在捕获 CO_2 之后无法保存，因此假设电厂的 CO_2 供给量固定，而油田可以全部购买，也可以根据市场情况，购买其中的一部分用作 EOR，其余部分用于直接封存（$q_{CO_2} - q_{EOR}$）。直接封存会产生额外的封存成本，这部分成本则会在电厂和油田之间以 λ_{Stor} 的比例进行分摊。

（3）CO_2 运输管道的建设与运营费用。这部分成本同样会在电厂和油田之间以的比例进行分摊。

具体的分摊比例与 CO_2 结算价格体现在油田和电厂两个主体之间的合同设计上，在数值分析部分我们会对此涉及多种合同情景，进而分析不同情景下的电厂与油田在 CCS-EOR 中相应的收益与风险。

6.2.5.3 最优化决策

相对于电厂，油田在 CO_2 直接封存和驱油之间，存在选择权，可以在 EOR 过程中动态调整决策。

（1）当油田全部买入电厂捕获的 CO_2 时，可以根据市场条件决定用来驱油的比例，以使项目的净现值最大。如果油价大幅下跌，驱油收入不足以弥补驱油与封存的成本之差，$Mr_{oil}(\bar{p}_{oil}) < MC_{EORO\&M} - MC_{StorO\&M}$，此时油田会选择将部分或全部 CO_2 封存在废弃的油井中。

（2）当油田可以决定购买 CO_2 用于驱油部分的量时，油田可以根据市场条件，决策自己的需求量，此时存在最优购买量 $\bar{q}_{CO_2}$，油田边际成本等于边际收益，即

$$C_{EORO\&M}(\bar{q}_{CO_2} + 1) - C_{EORO\&M}(\bar{q}_{CO_2}) = p_{oil} \cdot [q_{oil}(\bar{q}_{CO_2} + 1) - q_{oil}(\bar{q}_{CO_2})] \quad (6-15)$$

（3）CO_2 用作 EOR 部分的价格。在用作 EOR 的 CO_2 供货价格可以动态调整时，油田可以修改供货价格以实现净现值最大化。

设定油田每年用来驱油的比例为 η_{oili}（当油田全部购买时，代表油田用于驱油占供应量的比例；当油田按需购买时，代表油田购买占电厂捕获的比例）；CO_2 供货价格动态调整时，第 $3j+1(j=1, 2, \cdots\cdots, 6)$ 年的合同价格为 $\bar{p}_{CO,i}$，因此，三个优化模型分别为式（6-16）~式（6-18）。

$$\max NPV_{oil}(\eta_{oili})$$

$$s.t.$$

$$0 \leqslant \eta_{\text{oil}i} \leqslant 100\% \quad i = 1, 2, \cdots\cdots 20 \qquad (6\text{-}16)$$

$$\max \text{NPV}_{\text{oil}}(\eta_{\text{oil}i})$$

$$s.t.$$

$$0 \leqslant \eta_{\text{oil}i} \leqslant 100\% \quad i = 1, 2, \cdots\cdots 20 \qquad (6\text{-}17)$$

$$\max \left[\text{NPV}_{\text{Oil}}(\eta_{\text{oil}i}, \bar{p}_{\text{CO}j}) + \text{NPV}_{\text{Plant}}(\eta_{\text{oil}i}, \bar{p}_{\text{CO}j}) \right]$$

$$s.t.$$

$$\begin{cases} \text{NPV}_{\text{oil}}(\eta_{\text{oil}i}, \bar{p}_{\text{CO}j}) \geqslant 0 \\ \text{NPV}_{Plant}(\eta_{\text{oil}i}, \bar{p}_{\text{CO}j}) \geqslant 0 \\ 0 \leqslant \eta_{\text{oil}i} \leqslant 100\% \\ \bar{p}_{\text{CO}j} > 0 \end{cases}$$

$$i = 1, 2, \cdots\cdots 20, j = 1, 2, \cdots\cdots 6 \qquad (6\text{-}18)$$

6.3 模型参数与不确定因素分布

6.3.1 模型参数

我们选取了一个国内的全流程 CCS-EOR 项目作为案例,进行数值模拟。项目是对现有的超临界燃煤电厂进行改造,在电厂与油田之间铺设管道运输 CO_2,油田将 CO_2 注入油井,用于驱油与封存。设项目建设期为 1 年,运营期为 20 年。具体的模型参数取值请见附录 4。

6.3.2 EOR 驱油量曲线

CO_2 在第一年无回收,从第二年开始回收,回收率逐年上升。在传统的 EOR 项目中,CO_2 的回收率为 30%(Bloomberg,2012;Martin and Taber,1992;Brock and Byran,1989)。这里取上升速度为 2.5%/a,上升至 30% 后停止,保持不变,

即第 i 年 CO_2 的回收率

$$r_{CO_2rec, i} = \begin{cases} 2.5\% (i - 1), & i \leqslant 13 \\ 30\%, & i > 13 \end{cases} \tag{6-19}$$

第 i 年电厂提供的 CO_2 量为 $q_{CO_2ele, i}$，则第 i 年的注入量

$$q_{CO_2in, i} = q_{CO_2ele, i} + q_{CO_2ele, i-1} \cdot r_{CO_2rec, i-1} - q_{CO_2ind} \tag{6-20}$$

为了简化，假设油田是同质的，即相同时期 EOR 的效率是一样的。对现有 EOR 项目中的产油量进行拟合（GCSSI, 2012；Jakobsen et al., 2005），发现在项目运行初期，EOR 的效率呈指数上升，在第 8 年达到峰值，然后直线下降至第 10 年，再呈指数下降至项目运营期末。EOR 的效率函数：

$$e_{EOR, i} = \begin{cases} e^{0.791 \cdot i - 4.662}/6.93, & i \leqslant 8 \\ -0.0145i + 0.560, & 8 \leqslant i \leqslant 10 \\ e^{-0.183 \cdot i + 2.851}/6.93, & i \geqslant 10 \end{cases} \tag{6-21}$$

因此，可绘制驱油量曲线，如图 6-1 所示。

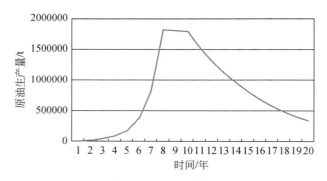

图 6-1　驱油量曲线

6.3.3　不确定性因素及分布

6.3.3.1　内在不确定性因素

项目的唯一性决定了其成本的唯一性，其各项成本很难找到历史数据，因此，在确定各项成本的分布时，本章采用主观法。CCUS-EOR 项目的建设成本与设备运行维护费受到大量微小因素的影响，故假设各项成本服从正态分布，均值为核

算的数据，标准差设为均值的 $1/10 \sim 1/5$。各项指标的概率分布的参数见表 6-1。

表 6-1 不确定性因素分布参数表

不确定性因素	均值	标准差
捕获设备成本	114742.66	11474.27
压缩设备成本	37378.45	3737.80
运营成本	10217.66	1532.65
管道建设成本	17692.82	1769.28
每模块 EOR 建设成本	2682.60	402.39
每模块 EOR 固定运营费用	12163.50	1216.35
每模块 EOR 可变运营费用	9771.80	1954.36
封存的建设成本	4452.83	445.28

6.3.3.2 市场不确定性因素

对 CO_2 利用，市场中的不确定性因素包括原油价格、碳价格、电价和蒸汽价格四种。这里需要说明的是，蒸汽价格与发电燃料价格高度相关，因此假设发电发电燃料价格的不确定性可由蒸汽价格的变化反应出来。

油价使用 EIA 官网公布的 2010 年以来的原油现货价格作为历史数据，进行拟合。拟合结果见图 6-2。由拟合结果可见，油价服从 Weibull 分布，A-D 统计量的 p 值为 0.000，说明数据显著服从于该分布，参数分别为 $\mu = 1357.79$，$\alpha = 2864.17$，$\beta = 3.63$。

碳价使用欧洲碳交易市场的碳价数据作为历史数据进行拟合，结果见图 6-3。由拟合结果可知碳价格服从 beta 分布，A-D 统计量为 0.3824，p 值为 0.000，说明数据显著服从于 beta 分布，且参数分别为 $\alpha = 1.49$，$\beta = 1.76$，$\min = 42$，$\max = 65$。

对于电价和蒸汽价格，由于缺少上网电价的历史数据，这里假设电价服从正态分布，均值为 0.39，标准差为 0.039。假设蒸汽价格服从均值为 180，标准差为 18 的正态分布。

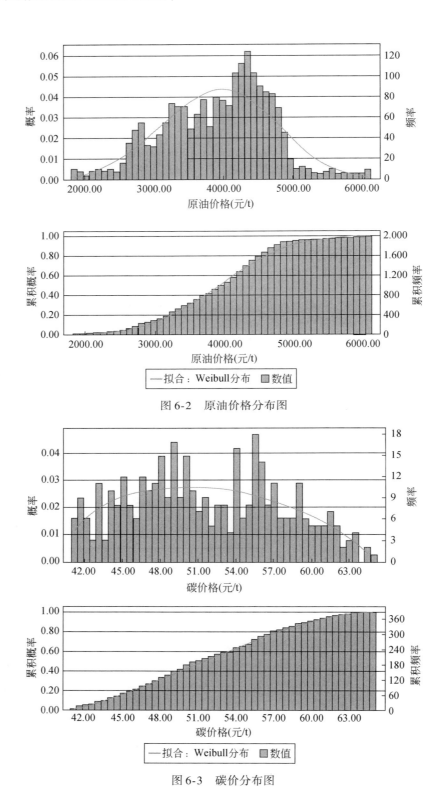

图 6-2 原油价格分布图

图 6-3 碳价分布图

6.4 数值模拟与情景分析

6.4.1 情景设置

根据前述讨论，我们在分析两个利益主体间的 CCS-EOR 项目的合同中设计了 9 种情景（表6-2）。情景 1~3 主要分析电厂与油田在 CO_2 结算价格（固定或浮动）不同时，各自相应的收益与风险；情景 4~6 主要分析油田在 CO_2 用来 EOR 的需求量不确定时，CO_2 额外封存这部分成本分摊对双方收益和风险的影响；情景 7~8 是同时考虑浮动的 CO_2 结算价格，以及额外封存成本分摊时，双方收益和风险变化；情景 9 是考虑更加的结算价格灵活性，即假设每一期内的价格是固定的，但各期之间的合同价格不相关，即每一期都可以改变合同中关于 CO_2 结算价格设定的内容。可以认为 CO_2 的价格在若干个离散的点上随市场变化任意调整。

表 6-2 合同情景

情景设置	1）CO_2 出厂价格；2）电厂 CO_2 供应量；3）双方承担管道建设投资和运输费用比例；4）油田 CO_2 需求量；5）额外封存成本（未进行驱油的 CO_2 封存）
情景 1	1）固定；2）固定；3）50%：50%；4）全部购买；5）油田承担 100%
情景 2	1）与油价挂钩；2）固定；3）50%：50%；4）全部购买；5）油田承担 100%
情景 3	1）与发电燃料价格挂钩；2）固定；3）50%：50%；4）全部购买；5）油田承担 100%
情景 4	1）固定；2）固定；3）50%：50%；4）根据油田驱油需求变化（额外 CO_2 直接用来封存）；5）油田承担 100%
情景 5	1）固定；2）固定；3）50%：50%；4）根据油田驱油需求变化（额外 CO_2 直接用来封存）；5）电厂承担 50%
情景 6	1）固定；2）固定；3）50%：50%；4）根据油田驱油需求变化（额外 CO_2 直接用来封存）；5）电厂承担 100%
情景 7	1）与油价挂钩；2）固定；3）50%：50%；4）根据油田驱油需求变化（额外 CO_2 直接用来封存）；5）电厂承担 50%

续表

情景设置	1）CO_2 出厂价格；2）电厂 CO_2 供应量；3）双方承担管道建设投资和运输费用比例；4）油田 CO_2 需求量；5）额外封存成本（未进行驱油的 CO_2 封存）
情景 8	1）与油价挂钩；2）固定；3）50%：50%；4）根据油田驱油需求变化（额外 CO_2 直接用来封存）；5）电厂承担 100%
情景 9	1）短期固定；2）固定；3）50%：50%；4）根据油田驱油需求变化（额外 CO_2 直接用来封存）；5）电厂承担 50%

6.4.2　模拟结果与分析

6.4.2.1　最优化决策逼近

在合同设计中，油田相对电厂具有更大的 EOR 运营决策灵活性。基于 6.2.5.3 节提出的三个决策最优化模型，结合文中给出的不确定因素，我们使用 Crystal ball 软件进行模拟优化。对于市场中的不确定性因素，给定一组取值，模拟 n 次，即可得到一组优化结果。经过多次试验，发现当 $n = 10\ 000$ 时，目标函数值趋于稳定，误差小于 0.1，因此，取优化次数为 10 000。图 6-4 ~ 图 6-6 展示了在情景 1，4，9 中在存在不确定因素下的决策优化过程。

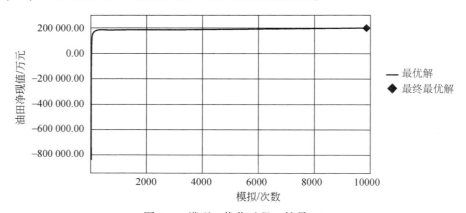

图 6-4　模型 1 优化过程（情景 1）

由图 6-4 ~ 图 6-6 可以看出，三种模型中，模拟次数达到 4000 ~ 5000 次时，目标函数值（油田的净现值）已趋于稳定。情景 1 中优化后的油田的净现值为 179 941.99 万元，较不存在决策灵活性的结果（即所有决策变量都取 100%）提高了

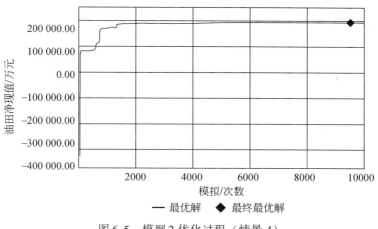

图 6-5　模型 2 优化过程（情景 4）

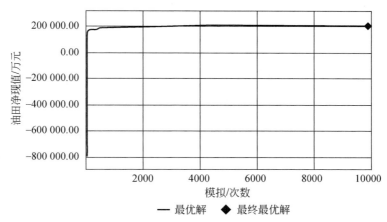

图 6-6　模型 3 优化过程（情景 9）

18.84%（若油田将 CO_2 全部用来驱油，则净现值为 146 036.14 万元）。情景 4 和 9 中油田的净现值分别为 236 794.20 万元和 201 845.30 万元。

6.4.2.2　不同合同情景下的模拟结果

对每组情景，根据不确定因素及其分布情况，我们会生成 10 000 组随机数，因为默认企业会在市场条件变化的情况下随时调整自己的决策，因此，每出现一种情况（对应一条随机路径），油田和电厂都需要做出反应。我们通过对每一条随机路径下的电厂和油田的运营决策进行优化（企业收益最大化），进而模拟出电厂与油田的在 CCS-EOR 中的净现值及其分布，以考察电厂和油田在 CCS-EOR 中相应的收益和风险。

图 6-7 和图 6-8 展示了情景 1 的模拟结果。在情景 1 的合同约束下，电厂决策柔性有限，而油田可以选择 CO_2 用来驱油和封存的比例。模拟结果得到，电厂净现值的均值为 3297.54 万元，标准差为 17 940.50 万元，偏度为 0.03，峰度为 -0.1，近似呈正态分布。其最大值为 71 083.31 万元，最小值为 -66 201.23 万元，电厂的净现值波动很大。电厂净现值存在 43.2% 的可能性不盈利，项目的相对风险较大。油田净现值的均值为 154 547.65 万元，标准差为 46 759.90 万元，偏度为 -0.07，峰度为 0.01，近似呈正态分布。其最大值为 325 613.92 万元，最小值为

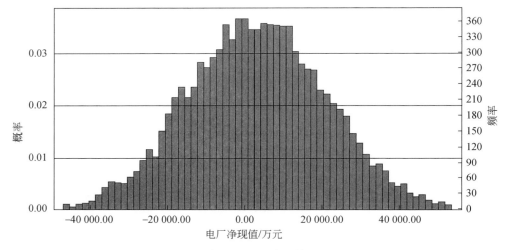

图 6-7　情景 1 电厂净现值分布图

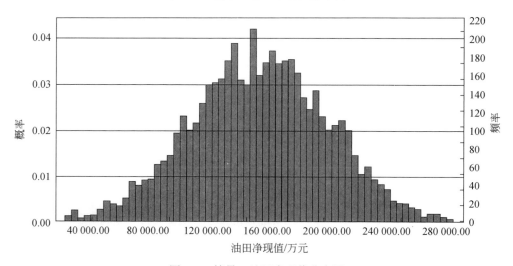

图 6-8　情景 1 油田净现值分布图

−28 661.19万元,尽管油田净现值波动也同样较大,净现值为负的概率为 12.31%。相对于电厂,情景 1 中油田在 CCS-EOR 项目中的风险较小。

接下来我们通过改变油田与电厂在 CCS-EOR 中的合同内容,考察不同的权责分摊条件下,电厂和油田的收益状况和风险分布。表 6-3 展示了是情景 1~9 的计算结果。

表6-3 情景1~9中电厂和油田的收益与风险状况

情景	电厂			油田		
	净现值均值	净现值方差	净现值为负的概率	净现值均值	净现值方差	净现值为负的概率
情景 1	3297.54	17 940.50	43.22%	154 547.65	46 759.90	2.00%
情景 2	−12 885.83	23 274.91	70.70%	171 231.33	41 169.91	0.00%
情景 3	3840.04	16 295.98	40.88%	154 265.73	51 375.42	4.30%
情景 4	−301 080.88	18 198.50	100.00%	239 443.21	38 080.37	0.00%
情景 5	−303 502.55	18 711.29	100.00%	242 180.60	37 707.94	0.00%
情景 6	−305 831.75	18 635.79	100.00%	244 508.36	37 314.79	0.00%
情景 7	−314 044.09	21 381.21	100.00%	252 857.43	32 341.48	0.00%
情景 8	−316 408.24	21 321.60	100.00%	254 952.82	32 790.20	0.00%
情景 9	2803.69	17 806.36	43.80%	148 325.31	46 445.01	2.82%

由表 6-3 可以得出下列结论。

(1) 当 CO_2 的价格与油价挂钩时 (情景 2),油价波动的风险由电厂与油田共同承担,因此相比情景 1,电厂的净现值波动变大,油田变小。而当 CO_2 的价格与发电燃料价格挂钩时 (情景 3),燃料价格波动的风险由电厂与油田共同承担,因此相比情景 1,电厂的净现值波动变小,油田变大。因此在存在两个利益相关方时,CO_2 结算价格与任何一方的收益或成本不确定性挂钩,都会减少另一方在 CCS-EOR 项目中的收益,并增加其运营风险。

(2) 情景 4~6 中,当电厂 CO_2 供货价格固定,而油田可以根据自己的需求来选择 CO_2 进行 EOR 的量时,此时除油价波动以外的风险几乎全部由电厂承担,而情景 7~8 中,电厂几乎承担了所有的风险。情景 4~8 中油田完全处于合同中的占优一方。并且对于 CO_2 的额外封存成本的分担比例,随着承担比例的上升,电厂或油田的净现值略有下降,风险略有提升,但是影响不大。因此,CO_2 的额外封存成本对整个项目的影响较小。

（3）当油田与电厂签订短期合同时，由于合同期较短，双方存在多次定价的机会。每次定价时，都会遵循双方盈利的原则调整定价，价格制定比较灵活，双方的行为不会受到合同条款的长期约束，因而双方均不会严重亏损。由于电厂自身成本高昂，净现值仍只有 2803.69 万元，亏损概率为 43.80%，存在一定的风险，但相比情景 4~8，电厂的风险已大幅下降。油田自身的驱油收入较大，净现值能达到 148 325.31 万元，亏损概率仅为 2.82%，风险很小。

6.5 本章小结

针对全流程的 CCUS 项目中不同相关方之间的合作，本章建立了不确定性基于模拟的成本-收益分析框架。这个分析工具能够模拟双方决策的相互作用，风险传递和不同合同条款下不同相关方的收益与风险水平估计。

根据本章的分析，在 CO_2 利用的合作中，油田在合同中处于相对优势的一方，而电厂是相对弱势的一方。这也在很大程度上体现了捕获部分的整体成本要高于封存和 EOR。这里就会出现在整个 CCUS 产业链中的权责不对等的问题，电厂付出较高的成本捕获并面临较大的亏损风险，油田付出相对较低的成本进行封存并且可以保证收益。这样不对等的合作会在很大程度上影响电厂对 CO_2 捕获的积极性。为保证电厂在 CO_2 利用合作中的积极性，在设计相关的合同条款时，需要适当偏向电厂一方。首先，CO_2 供货价格短期合同更有利于电厂控制风险，因此需要提高电厂在 CO_2 供货价格上的话语权和选择权；其次，当 CO_2 结算价格与某一方的油价或者燃料价格挂钩时，可以使对方一起来承担己方面临的市场风险，对于电厂来说，可以将 CO_2 供货价格与发电燃料（煤炭）成本挂钩。只有保证电厂和油田在 CO_2 利用都能获得相应的收益或分摊对等的风险，才能保证全流程 CCUS 项目的顺利实施。

|第7章| CCS技术在中国的中长期减排潜力

本章在更大的时间尺度上，结合温室气体减排目标，探讨了CCS技术在中国中长期减排行动中的减排潜力。从中长期看，以煤为主的能源消费结构使得在中国发展CCS具有很大潜力，但是，从技术经济性的角度来看，CCS在近中期减少温室气体排放中可以发挥的作用仍难以衡量。这里我们将CCS技术引入建立的包含多重化石能源和新能源技术的能源-经济-环境系统综合模型，在微观层面考察了CCS技术与风能、生物质能等能源对传统化石能源的替代效应以及CCS技术渗透速率的变化；在宏观层面分析了不同气候政策条件（排放空间约束）下CCS技术发展对国内经济的影响。结合中国提出的CCUS技术路线，讨论了CO_2资源化利用对CCS技术发展的促进作用有多大。本章主要从技术演化和一般均衡的角度来研究气候变化背景下中国CCS技术的可能发展状况和减排贡献。

7.1 引 言

在之前的讨论中，我们分析了项目层面的电厂CCS技术改造投资，企业层面的电源结构优化以及全产业链CCS技术不同利益相关方的权责分摊等。从长期看，CCS被认为是在近中期（2050年前）控制温室气体排放，应对气候变化的有效技术选择。尽管在中国发展CCS具有很大潜力，但是，从技术经济性的角度来看，CCS在近中期减少温室气体排放中可以发挥的作用仍难以衡量。

首先，从减排选项上看，应对气候变化存在诸多技术选择，不同的减排技术选项之间存在竞争。CCS技术仍处于研发和部署阶段，技术成熟度不高。CCS技术需要与化石能源技术结合，带CCS能源技术的供能成本本身包括燃料成本和CO_2捕获、运输和封存成本。尽管未来通过技术进步和规模效应，CCS的成本可能不断下降，但考虑到可再生能源技术已经在中国初具规模且发展较快，未来潜在的技术锁定效应和投资挤出效应也会在很大程度上限制 CCS 的发展。

其次，从政策层面看，发展低碳技术是为了减缓气候变化，需要有额外的政策支持，包括市场化的碳税政策和补贴政策等，这些政策都可以通过降低使用成本来促进低碳技术的进步。减排政策的制定在很大程度上取决于国家未来的可能排放空间限制，当排放空间限制较为宽松时，相应的减排政策（碳税水平、补贴水平等）可能很难弥补 CCS 技术采用带来的高额成本；而当排放空间限制较为严格时，如果没有特定的政策支持，CCS 可能同样面临来自其他低碳能源技术的竞争。

最后，从整个经济系统来看，政府必须权衡经济发展和减排目标，采用低碳能源技术会在一定程度上推高社会用能成本，从而对经济发展产生负面影响。从经济效率的角度，减排效率较高（成本较低）的低碳能源技术会被优先发展。尽管 CCS 的减排潜力较大，但是从整个经济系统来看，如果 CCS 技术的减排效率不能达到一定水平，那么这项技术仍然难以得到发展。

基于以上讨论，考虑 CCS 对国内减少温室气体排放的特别意义，为了较为全面的评估中国发展 CCS 技术的影响，本章将 CCS 技术引入我们建立的包含多重化石能源和新能源技术的能源–经济–环境系统综合模型，从技术演化和一般均衡的角度来研究气候变化背景下中国 CCS 技术的可能发展状况和减排贡献。在气候政策层面，本书将研究在未来不同排放空间约束下，CCS 对中国减少温室气体排放的潜在贡献水平。在技术层面，本书将研究内生学习效应变化对 CCS 技术发展的影响，考察不同的政策激励下，CCS 技术与风能、生物质能等能源对传统化石能源的替代效应以及 CCS 技术渗透速率的变化。在宏观经济层面，本书分析不同政策条件下 CCS 技术的发展对国内经济的影响。最后，结合中国提出的 CCUS 技术路线，本书讨论 CO_2 的资源化利用能否使 CCS 技术更具成本优势，对 CCS 技术发展的促进作用有多大。

当前，已有不少文献对 CCS 技术的减排潜力、CCS 技术投资评价、经济性以及气候政策下 CCS 的发展等问题进行了研究。Riahi 等（2009）和 Edmonds 等（2004）评述了 CCS 的 CO_2 减排潜力，认为大规模的 CCS 技术商业化应用需在 2050 年之后。Odenberger 和 Johnsson（2009）、Schumacher 和 Sands（2009）分别考察了 CCS 技术在欧洲和德国的技术扩散情况，结论均认为对现有火电厂进行

CCS 技术改造缺乏发展潜力。Koljonen 等（2009）利用自底向上的能源系统模型 ESAP-TIAM 考察了气候变化背景下风能和生物质能等可再生能源技术与 CCS 技术各种的发展状况，并指出这些技术的发展在很大程度上依赖于减排政策严格程度。Odenberger 和 Johnsson（2010）考察了 2050 年之前，在减排背景下 CCS 技术在欧洲电力市场中所扮演的角色。作者认为在 CCS 技术发展强劲的前提下，欧洲有望在 2050 年达到减排 85% 的目标，届时装备 CCS 的电厂将最高达到 50%。而在 2020～2050 年的碳捕获峰值和累积碳捕获量将分别达到 1.8Gt 和 39 Gt CO_2。张建府（2010）以 IGCC+CCS 发电技术结合强化采油为例，分析了碳捕获和封存全过程的减排成本。结论指出，CO_2 减排成本主要受井口油价和碳利用率的影响，当油价超过 14.642 美元/桶时，IGCC+CCS 系统的发电成本低于单纯 IGCC 电厂的发电成本。Zhu 和 Fan（2011）利用实物期权投资评价模型考察了火力发电成本、CCS 技术投资成本不确定性对 CCS 技术发展的影响。Grimaud 等（2011）基于经济-环境综合模型研究了环境政策对 CCS 技术应用的影响。Golombek 等（2011）通过评价 CCS 技术在欧洲电力市场的发展潜力，发现当碳税或者碳价达到 30 美元/t CO_2 时，投资 CCS 煤电厂是有利可图的，而补贴政策的实施将显著提高 CCS 电厂对传统电厂以及风电的替代能力。Cormos（2012）从经济、技术和环境等角度对整体煤气化联合循环技术（IGCC）和 CCS 的组合技术的发展状况进行了综合评价。Lilliestam 等（2012）从技术成本、发展潜力和风险等角度比较了聚光太阳能发电技术与煤电 CCS 技术，认为碳泄漏和政策不确定性是未来 CCS 技术发展所面临的主要障碍。Lohwasser 等（2012）研究了投资成本和转化效率的变化对 CCS 技术扩散的影响。结论指出投资成本是影响 CCS 技术扩散的主要因素，当投资成本为 1400 欧元/kWh，2025 年欧洲将有 16% 的煤电厂装备 CCS 设备，而当投资成本翻倍时，该份额将降低到 2% 左右。

经验累积是使得 CCS 技术成本下降的重要因素，因此，关于学习效应对 CCS 技术发展的研究也引起了广泛的兴趣。Gerlagh 和 van der Zwaan（2006）基于能源环境内生经济增长模型研究了能源研发（R&D）、碳税、新能源补贴等多种气候政策下 CCS 技术成本的演化，指出内在学习与外在政策是影响 CCS 技术应用的主导因素。Riahi 等（2009）研究了不同的气候、经济和能源消费情景下学习效应对 CCS 技术成本和发展状况的影响，同时指出，与静态成本假设相比，学习效应下的 CCS 技术的减排贡献要高出 50%。Van den Broek 等（2009）考察了学习效应对 CCS 技术的成本，电厂发电效率以及碳捕集率等的影响。文章指出 IGCC-CCS 电厂的学习潜力最大，表现出效率改进和成本下降的双重效果。同时，结论还显示，在较强的碳排放约束情景下，到 2030 年，IGCC-CCS、NGCC-CCS 和 PC-CCS 的成本将分别下降到 11、26 和 19 欧元/t CO_2。Lohwasser 和 Madlener（2012）利用电力市场模型 HECTOR 研究了基于学习的技术进步（LBD）和基于研发的技术变化（LBS）对 CCS 技术扩散的影响。

尽管 CCS 技术成本、减排和投资发展相关的文章颇多，然而旨在研究中国 CCS 技术发展状况及其在气候政策背景下的减排角色的工作尚少。本章研究内容主要从以下几个方面进行了创新：①通过引入排放空间约束替代气候损失函数和进出口假设，我们建立了针对中国的能源-环境-经济综合评估模型，将 CCS 技术放在国内社会经济发展的框架下进行评价；②在用改进的政策 logistic 子模型对传统化石能源技术与多种新能源技术进行刻画的基础上，将 CCS 技术与发电技术结合，并针对其特点进行了细致建模，模型不但考虑了 CCS 技术本身的内生学习机制，还考虑了化石燃料价格变化对技术发展的影响；③考察了 4 种排放空间约束情景，采用碳税作为政策控制变量，由模型内生求解得到；④针对中国倡导的 CCUS（CO_2 资源化利用），我们分别考察了排放空间存在与否的条件下，CO_2 资源化利用对 CCS 在中国发展的影响。

7.2 模型介绍

7.2.1 CE3METL 综合评估模型

我们采用全球综合评估模型 E3METL（energy-economy-environmental model with endogenous technological change by employing Logistic curves）的分析框架，并改造为适用于中国的单国模型，即 CE3METL（Chinese energy-economy-environmental model with endogenous technological change by employing logistic curves）。关于 E3METL 模型的介绍具体见 Duan 等（2013）。E3METL 是遵循 Ramsey 法则的多期动态最优经济

增长模型，包括经济模块，能源模块和环境模块。经济模块中包括投资主导的资本跨期贴现累积、产出分配关系等，生产活动利用劳动、资本和复合能源投入的常弹性替代生产函数来描述。在能源模块，E3METL 利用"干中学"（Learning-by-Doing）的经验曲线方法来描述动态技术进步过程，模型内嵌政策 logistic 子模型来考察化石能源技术与多种新能源技术的学习效应。这些特点使得模型不但可以遵循传统自顶向下的投资、消费以及资本累积等刻画经济运行的模式，同时可以涵盖更多自底向上的建模特征。

CE3METL 模型由假设存在的 Perfect Foresight 中央计划人（central planer），通过选择最优的投资、消费等决策变量路径来最大化全社会的福利（*Utility*），福利通过人均消费（*c/L*）来度量。具体见式（7-1）。

$$\text{Max} \sum_t \left(L(t) \cdot \log\left(\frac{c(t)}{L(t)}\right) \prod_{\nu=0}^t (1 + \sigma(\nu))^{-1} \right) \tag{7-1}$$

其中，c 表示当期消费；L 代表人口数；Δt 为时期 t 的长度；效用贴现因子通过时间偏好率 σ 来度量，且 $\sigma(t) = \sigma_0 \cdot e^{-d_\sigma \cdot t}$。

在将全球模型改造为中国 CE3METL 模型时，我们承袭了 E3METL 模型中对经济部门和能源部门的建模刻画。为了使 CE3METL 模型更加符合单国模型的特点，主要进行了以下两处改动：

1）排放空间约束取代气候损失函数

因为气候变化问题的全球外部性，某个区域碳排放变化对大气中 CO_2 浓度和全球气温升高的影响难以评估。因此，我们对 E3METL 中的环境板块进行了修改，考虑国内生产活动产生的人为 CO_2 排放以及自然净排放因素的累积排放，不考虑排放所造成的温室效应对生产活动所产生的反馈影响。在不考虑 CCS 技术时，对国内 CO_2 排放的核算见式（7-2）：

$$\text{EMIS}(t) = \sum_j \xi_j s_j(t) E(t) + \text{natem}(t) \tag{7-2}$$

其中，$\text{EMIS}(t)$ 为国内第 t 期排放；$E(t)$ 为生产过程中的能源投入；$j \in J$，J 代表煤炭、石油和天然气三种化石能源所构成的集合；ξ_j 为化石能源排放因子。$s_j(t)$ 为化石能源的消费份额，且 $\sum_j s_j(t) = 1 - \sum_i s_i(t)$，$s_i$ 为不含碳能源技术在市场中的份额。式（7-2）中等式右边第一项可以看做是 t 期的社会生产活动中能源消费产生的 CO_2 排放，即化石能源消费量与碳排放因子 ξ_j 的乘积；而第二项 $\text{natem}(t)$ 表示中国所属陆地和海洋 t 期的自然排放量。

在考虑 CCS 技术后，部分化石能源的 CO_2 排放可以通过采用 CCS 技术被封存到地下，对国内 CO_2 排放的核算可以改写为

$$\text{EMIS}(t) = \left(\sum_j \xi_j s_j(t) + \sum_k (1 - \text{capr}_k) \xi_k s_k(t) \right) E(t) + \text{natem}(t) \quad (7\text{-}3)$$

其中，k 为带有 CCS 的化石能源技术，理论上说，$k \in J$；s_k 是带 CCS 的化石能源技术在能源消费中的份额；capr_k 表示带有 CCS 的化石能源技术 CO_2 捕获率；ξ_k 为这些技术未加装 CCS 时的排放因子。在本章的处理中，我们将化石能源技术与带 CCS 的化石能源技术分开对待，单独核算采用 CCS 技术后的化石能源技术的这部分排放。

从而，每年的累积碳排放 $\text{cumem}(t)$ 可表示为

$$\text{cumem}(t + 1) = (1 - \text{sr})\text{cumem}(t) + \text{EMIS}(t + 1) \quad (7\text{-}4)$$

其中，参数 sr 为 CO_2 的自然沉降率，用来度量每年被海洋和陆地表面吸收的 CO_2 比率。[①]

作为单国模型，CE3METL 无法刻画排放所造成的气候影响，因而不能描述减排行动的收益。为刻画减缓行动对经济的影响，我们加入了排放空间的限制，即未来中国的 CO_2 排放不能超过其排放空间约束，以此将气候变化的影响纳入区域经济发展的考量中。在考虑排放空间限制下，从现在到未来某个给定时期 T 内，国内累积排放不能超过排放空间限制，即

$$\sum_{t=1}^{T} \text{cumem}(t) \leqslant \text{totEmS} \quad (7\text{-}5)$$

其中，totEmS 为未来排放空间。在 CE3METL 模型中，在排放空间约束下，碳税作为政策控制变量，存在贴现效用最大化目标下的最优路径（Duan et al.，2014）。此外，本书对于国内排放的核算是基于排放发生地原则（IPCC，2007a），所以在本章中并未将国际贸易中的隐含碳问题纳入考虑。

2）进出口假设

在一般均衡模型中，研究全球气候问题时将全球看作一个封闭整体，不用考虑不同区域间的连接，如国际贸易。但是在区域模型中必须对进出口作出合理的

---

① 本章假设每年自然碳排放为 1. 33 GtC（Nordhaus，1994），通过乘以中国陆地和海洋在全球占比计算中国的自然碳排放量。

描述。在 CE3METL 模型中，我们在经济模块增加了进出口部分，对于进出口的刻画主要体现在 GDP 的刻画中：

$$GDP(t) = I(t) + c(t) + X(t) - M(t) \tag{7-6}$$

其中，I 表示当期新增投资；X 和 M 分别表示当期出口和进口。根据国内历史进出口状况，模型设定了出口占 GDP 的比重下限（θ_X）和进口占 GDP 比重的上限（θ_M）：

$$X(t) \geqslant \theta_X GDP(t) \tag{7-7}$$

$$M(t) \leqslant \theta_M GDP(t) \tag{7-8}$$

此外，CE3METL 将能源成本考虑在总产出分配中，为刻画能源投入与经济产出之间的双向关系，将 GDP 考虑为产出与总能源成本的差：

$$GDP(t) = Y(t) - EC(t) \tag{7-9}$$

其中 Y 表示总产出，能源成本 EC 则表示为能源投入与复合能源价格（PE）的乘积，即 $EC(t) = E(t) \cdot PE(t)$。

CE3METL 生产过程主要通过 Cobb-Douglas 常弹性替代生产函数来描述，投入要素包括资本（k）、劳动（L）以及能源（E），即

$$Y(t) = \left(\alpha(t) \left(k(t)^\gamma \cdot L(t)^{1-\gamma} \right)^\rho + \beta(t) E(t)^\rho \right)^{1/\rho} \tag{7-10}$$

其中，$Y(t)$ 表示产出；α 表示资本与劳动力组合中的技术进步水平；β 刻画自动的能源技术进步水平，即包括所有非价格因素所导致的能源效率改进。γ 和 ρ 分别表示资本值份额以及资本–劳动投入组合与能源之间的替代常弹性。新一期的资本存量表示为上一期资本贴现存量加上当期新增投资（I），

$$k(t+1) = (1-\delta)k(t) + I(t+1) \tag{7-11}$$

7.2.2 引入 CCS 技术建模

CCS 并不是一项独立存在的能源技术，它是与不同能源技术结合，并在能源转化过程中捕获 CO_2。CCS 技术应用的重点领域在于与传统化石能源技术组合（带有 CCS 的化石能源发电技术）以减少其使用过程中的碳排放，此外 CCS 也可以用于生物质发电的 CO_2 捕获。在 Gerlagh 和 Van der Iwa an（2006）和 Duan 等（2013）的研究中，将 CCS 技术作为一项虚拟的捕获 CO_2 减少排放的技术引入模型，并未

考虑 CCS 技术自身的特性：即 CCS 技术最终是通过与其他能源技术，尤其是化石能源技术结合来减排的。

在 CE3METL 模型中，我们对带有 CCS 技术的化石能源技术单独建模，针对国内能源利用以煤为主的现状，我们考虑了两种燃煤发电技术与 CCS 的结合，分别是传统粉煤电厂与 CCS 组合技术（PC-CCS）以及整体煤气化联合循环与 CCS 组合技术（IGCC-CCS）。这里统一将这两种技术看做 CCS 技术。此外模型中还划分了碳基能源（煤炭、石油和天然气等化石能源）和无碳能源技术（水电、核电、生物质能和其他可再生能源）。这里需要指出的是，IPCC（2011）认为 Bio-CCS 在长期减排中将发挥很大的作用，因为这项技术可以带来零排放甚至负排放（IPCC，2012），考虑到本章研究时间集中在近中期（2050 年之前），这段时间内 Bio-CCS 的发展潜力十分有限，因此我们并未将这项技术纳入考虑。

CE3METL 模型利用改进的 logistic 模型来刻画能源技术演化，以研究多种能源技术间基于学习成本递减的替代演化，减少了通过传统常弹性替代方式描述能源间替代时弹性值选择所带来的不确定性。我们对于化石能源技术和无碳能源技术的刻画与 E3METL 模型中相同。本章中的两种带 CCS 的煤电技术（IPCC+CCS 和 PC+CCS）的 logistic 模型可以表示为

$$\frac{\mathrm{d}s_k(t)}{\mathrm{d}\mathrm{RP}_k(t)} = a_k s_k(t)\left(s_k\left(1 + s_k(t) - \sum_k s_k(t)\right) - s_k(t)\right) \tag{7-12}$$

其中，$k = \{\mathrm{PC} + \mathrm{CCS}, \ \mathrm{IGCC} + \mathrm{CCS}\}$；$s_k$ 为能源技术的份额上限，$\sum_k s_k \leqslant \hat{s}_{\mathrm{coal}}$，即这两种带 CCS 的技术份额不会超过整个煤炭的可利用资源潜力上限；a_k 为技术间的替代参数。由于 RP_k 表示的是参考技术与替代技术的相对价格（在 CE3METL 模型中，以煤炭为参考能源技术），传统的 logistic 模型中份额关于时间变化式修改为了技术份额关于相对价格的变化，并将针对带 CCS 能源技术的从价税收（碳税）和补贴政策考虑进了 logistic 模型中。

$$\mathrm{RP}_k(t) = \frac{C_{\mathrm{coal}}(t)\left(1 + \mathrm{ctax}(t)\right)}{\left[C_k(t) + \mathrm{CM}_k(t) + \left(1 - \mathrm{capr}_k\right) \cdot \mathrm{ctax}(t) \cdot C_{\mathrm{coal}}(t)\right]\left(1 - \mathrm{sub}_k(t)\right)},$$

$$\tag{7-13}$$

其中，C_k 和 CM_k 分别表示带 CCS 煤电技术的燃料成本和运营成本；$\mathrm{ctax}(t)$ 表示煤炭的从价碳税税率；sub_k 为对带 CCS 煤电技术的补贴率。RP_k 不但受到参考技术与

带 CCS 煤电技术成本变化影响，也会随着碳税或补贴政策的实施而变化，以上两方面因素影响最终促成了带 CCS 煤电技术对传统化石能源技术的替代演变。为方便考察 IGCC+CCS 技术和 PC+CCS 技术基于学习效应的成本下降过程，本书将技术的使用成本分为燃料成本和运营成本两部分。其中，运营成本包括电厂发电运营成本、CCS 装置部分的碳压缩和捕集成本、以及碳处置成本等，而碳处置成本则包括 CO_2 运输、封存以及泄漏监测成本。燃料成本将与煤炭成本一样，以固定的年均增速增加，而运营成本则按给定学习率的经验累积而下降。尽管 RP_k 将随着参考技术使用成本的上升或带 CCS 煤电技术的使用成本的下降而上升，考虑到 CCS 在与化石能源技术结合时需要额外的消耗能源以用于 CO_2 的捕获与运输，因此 CCS 煤电技术的成本将始终高于煤炭发电成本，即 $\dfrac{C_{coal}(t)}{[C_k(t) + CM_k(t)]} \leqslant \tau_k$，$0 < \tau_k < 1$。

对于新能源技术而言，基于学习的技术进步是降低这些技术使用成本的重要驱动力（Riahi et al.，2009）。在 CE3METL 模型中，我们将单因素学习曲线内嵌到能源技术模块，以刻画 IGCC+CCS 和 PC+CCS 的内生成本变化，学习曲线形式为

$$CM_k(t) = b_k KS(t)^{-lx} \tag{7-14}$$

其中，b_k 为学习曲线参数，可通过技术初始成本 CM_k^0 和初始知识存量 KS_k^0 来确定；lx_k 为技术学习指数；$KS(t)$ 为第 t 期的知识存量，它将随着生产或消费的增长而不断累积，考虑知识折旧的情况下，新一期的知识存量可以表示为

$$KS_k(t+1) = (1 - \delta_k)KS_k(t) + s_k(t+1)E(t+1) \tag{7-15}$$

其中，δ_i 为知识折旧率；E 表示生产活动中的能源投入。这里对于无碳技术的成本演化，我们同样采用单因素学习曲线刻画。在区域模型 CE3METL 中，我们并未考虑研发投入对这些技术成本变化的影响，这主要因为：首先，由于相关数据的可获得性限制，在中国区域模型中难以对研发投入相关参数进行有效估计并给出的合理解释；其次，考虑到中国在技术发展方面一直属于追赶国家，技术使用成本下降主要来自于技术的规模化发展。

7.2.3 内生碳税机制建模

在排放空间约束下，CE3METL 模型中主要的调控手段为针对碳基能源技术（煤炭、石油和天然气等）的碳税政策和针对新能源技术的补贴政策。在 logistic

模型中，采用从价税率形式来征收碳税，考虑到碳排放的同质性，我们根据煤炭的从价税率来设定石油和天然气的从价税率，即

$$otax(t) = \frac{ctax(t)\xi_{oil}C_{coal}(t)}{\xi_{coal}C_{oil}(t)} \tag{7-16}$$

$$gtax(t) = \frac{ctax(t)\xi_{gas}C_{coal}(t)}{\xi_{coal}C_{gas}(t)} \tag{7-17}$$

其中，otax 和 gtax 分别表示石油和天然气的从价碳税税率；ξ_{coal}、ξ_{oil} 和 ξ_{gas} 分别表示煤炭、石油和天然气的碳排放因子；而 C_{oil}，C_{gas} 代表石油和天然气的单位使用成本。于是，碳税 cart（每吨碳的价格）可以表示为

$$cart(t) = \frac{ctax(t)C_{coal}(t)}{\xi_{coal}} = \frac{otax(t)C_{oil}(t)}{\xi_{oil}} = \frac{gtax(t)C_{gas}(t)}{\xi_{gas}} \tag{7-18}$$

在 CE3METL 模型中，因为考虑了未来排放空间的限制，达到排放空间约束要求的碳税水平可以由模型内生计算得出。这一方面允许我们探讨减排的最优实施路径问题；另一方面，也可以让我们在排放空间约束下对不同新能源技术的减排效率问题进行分析。

7.2.4　技术发展表现评价指标构建

为了更好的分析 CCS 的技术渗透和与非水电可再生等无碳能源之间的竞争关系，我们构造了两个指标：①CCS 相对成本比率（weighted cost ratio to fossil，WCRF）；②年均技术渗透率（annual penetration rate，AP）。

CCS 相对成本比率（WCRF）是考虑排放的额外成本时（碳税或补贴政策），以传统化石能源作为参考，CCS 的相对成本变化。具体见式（7-19）。

$$WCRF(t) = \frac{\sum_k \left\{ \left[C_k(t) + CM_k(t) + (1 - capr_k) \cdot ctax(t) \cdot C_{coal}(t) \right](1 - sub_k(t)) \frac{s_k(t)}{\sum_k s_k(t)} \right\}}{\sum_j \left\{ \left[C_j(t) + \xi_j cart(t) \right] \frac{s_j(t)}{\sum_j s_j(t)} \right\}} \tag{7-19}$$

当 WCRF 小于 1 时，可以认为此时 CCS 技术已经可以形成有效能源供给。

年均技术渗透率是用同情景下的当期技术份额与之前一期的年均变化速率，

来分析技术渗透的快慢。具体为

$$AP(t) = \sqrt[n]{\frac{\sum_k s_k(t)}{\sum_k s_k(t-1)}} \qquad (7-20)$$

其中，n 代表模型期与期之间的相隔年数。

此外，我们还将通过比较技术在能源消费中的份额较 REF 情景的变化（$\sum_k s_k(t) - \sum_k s_k^{REF}(t)$）以分析该技术对化石能源替代能力。

模型结构见图 7-1。

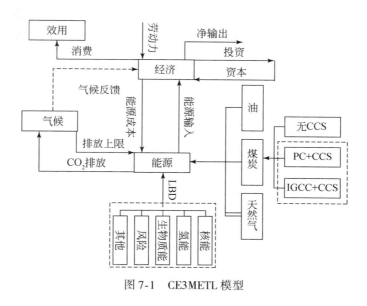

图 7-1　CE3METL 模型

7.3　模型参数与情景设定

7.3.1　模型参数

设定 2010 年为基年，当年全国 GDP、出口和进口额分别为 40.12 万亿、10.7 万亿和 9.47 万亿元，消费和投资占 GDP 的比重分别为 33.2% 和 69.1%，而 2010 年年底中国的人口总数为 13.41 亿（中国统计年鉴，2011）。此外，根据世界银行和门可佩等对于中国未来人口走势的预测情况，假设中国的人口水平为 14.7 亿，且峰值到 2050 年达到。模型的考察期限为 2010～2050 年，每 5 年为一期。其他关键模型参数见表 7-1。

表 7-1 关键的宏观经济及技术参数

参数	值	注释
资本折旧率	5%	Ditto & Gerlagh et al., 2004, Ditto & van der Zwaan et al., 2002
资本价值份额	0.31	
资本-劳动力和能源的弹性系数	0.4	我们参考了经典的全球模型 DICE（Nordhaus & Boyer, 2000）and DEMETER 模型（Gerlagh & van der Zwaan, 2004）
初始时间偏好率	0.03	
偏好率年下降率	0.3%	
初始 AEEI 系数	0.7	
AEEI 年下降率	0.2%	
出口占 GDP 的最大份额	40%	由 2000-2011 的历史数据校准
进口占 GDP 的最大份额	30%	
含 CCS 的 PC 发电厂的 CO_2 捕获率	85%	含 CCS 发电厂的 CO_2 捕获率约为 90%（Glolombek et al., 2011）
含 CCS 的 IGCC 发电厂的 CO_2 捕获率	89%	

目前主要的碳捕集技术包括燃烧后捕集（PC+CCS）、燃烧前捕集（IGCC+CCS）和纯氧燃烧三种。其中燃烧后捕集即利用氨基化学吸收剂选择性地从烟气中吸收并分离 CO_2，是一种成熟的商业化技术。考虑到 CCS 技术的额外耗能和导致的发电效率降低，CCS 设备的引入将使 IGCC 电厂的资本投资成本提高 21.7%～23.8%，管理和运营成本提高 10.5%～13.5%，同时发电效率降低 7%～9.5%（Cormos，2012）。国内方面，西安热工院对北京试验项目的研究表明，CCS 系统的接入运作将使煤电厂的发电成本平均上升 0.16 元/kWh。神华集团对旗下 IGCC+CCS 示范电厂项目的调研数据也显示，IGCC+CCS 技术的使用将使发电成本提高 40%～60%。由于不同国家技术发展的差异以及项目规模的不同，导致碳捕获、封存和运输的成本有较大差异，为此，我们将已有文献和报告中提到的相关成本估计列在表 7-2 中。

表 7-2 已有文献和报告对 IGCC 以及 CCS 相关成本的估计

PC-CCS	IGCC-CCS	捕获成本	运输成本	存储成本	来源
—	—	18 欧元/tCO$_2$	12 元/tC (100 km) 26 元/tC (200 km)	6 元/tCO$_2$	中欧煤炭利用近零排放项目组，许世森，2009
0.4 元/kWh	0.52 元/kWh	—	—	—	张斌，倪维斗等，2005
—	—	147～171 元/t CO$_2$	8～11 美元/tCO$_2$（平均距离＝250 km）	—	陈文颖，2011
—	70.8 美元/MWh	20.73 美元/t CO$_2$	0.68 美元/tCO$_2$	—	张建府，2010
—	—	120～180 美元/tCO$_2$	0.5～7 美元/tCO$_2$	1～9 美元/tCO$_2$	McCoy & Rubin，2008
78.9 美元/MWh	67.7 美元/MWh	27.4～44.4 美元/tCO$_2$	7.2～9.2 美元/tCO$_2$	—	Golombek et al.，2011
196 美元/tC（总计）	137 美元/tC（总计）	—	45 美元/tC (500 Km) 28 美元/tC (250 Km)	—	Riahi et al.，2009
—	—	25～32 欧元/tCO$_2$	4～6 欧元/tCO$_2$	4～12 欧元/t CO$_2$	Mckinsey，2008
—	—	40～55 欧元/tCO$_2$	2～6 美元/tCO$_2$	10～20 美元/tCO$_2$	IEA/OECD，2008
66.35 欧元/MWh	—		3.15 欧元/tCO$_2$	3.29 欧元/tCO$_2$	Lohwasser & Madlener，2012

　　基于表 7-2，我们将于 2015 年在模型中引入 IGCC+CCS 和 PC+CCS，两种技术的燃料成本分别设定为 781 元/tce 和 974.21 元/tce，而相关的发电成本和 CCS 捕获成本则设定为 3146.08 元/tce 和 3603.38 元/tce。碳运输与封存成本中，IGCC-CCS 为 77.44 元/tce，PC-CCS 技术为 132.44 元/tce。最后，IGCC+CCS 和 PC+CCS 的 CO$_2$ 存储监测成本被设为 1.32 和 0.95 元/tce（IPCC，2007），具体成本见表 7-3。

　　对于其他能源技术，基年各种能源的消费份额基于中国能源统计年鉴（2011）和中国电力监管年度报告（2011）计算得出。煤炭、石油和天然气的单位使用成本参考国内原煤价格和煤电上网电价、国际原油价格以及天然气进口到岸价。基于化石能源稀缺性考虑以及历史能源价格波动趋势，我们假设未来三种化石能源价格都将呈上升态势，假定煤炭、石油和天然气单位使用成本年均增长率分别为

1.5%、1.6% 和 1.4%（Lohwasser and Madlener，2012）（表7-3）。

生物质能、风能和光伏太阳能等新能源技术的使用成本取值在不同的研究中存在较大差异，Anderson 等（2003）认为与化石能源成本相比，生物质能、风能和光伏太阳能技术的使用成本普遍较高，分别约为化石能源成本的 3 倍，1.5~2 倍和 2~8 倍，而核能的成本略低，一般为化石能源成本的 1.7 倍左右。而中国能源与碳排放课题组（2009）发布的《2050 年能源报告》指出，中国核能的发电成本为 0.45~0.60 元/kWh，而风能和太阳能的发电成本分别为 0.51~0.61 元/kWh 和 1.5~5 元/kWh。据此，我们估计并设定了各种能源技术的初始使用成本，具体见表7-3。

表7-3　初始能源份额、价格、化石燃料价格年增长率及排放因子的假设

能源技术		能源份额[1]	能源成本	成本增长率	学习率	替代品参数	排放因子[3]
		%	元/tce	%/a	%		tC/tce
化石燃料	煤	66.93	2034.17	1.5	—	—	0.7562
	石油	18.97	3336.05	1.6	—	10.0	0.5859
	天然气	4.35	1505.29	1.4	—	10.0	0.4484
CCS	PC+CCS[2]	0.68	4712.47	1.5（燃料成本）	6.5	7.0	0.0945
	IGCC+CCS	0.34	4004.20	1.5（燃料成本）	7.1	8.0	0.0832
非水能可再生能源	水电	7.10	1627.34	内生	1.0	4.0	
	核电	0.73	4068.35	内生	9.0	10.0	
	风电	0.19	4475.18	内生	12.0	4.0	
	生物质	0.57	8136.70	内生	14.0	5.0	
	其他	0.08	12205.04	内生	20.0	4.0	

1 份额根据能源消费量计算（中国能源统计年鉴（2011），电力监管年度报告（2010））

2 我们假定气候政策最早在 2015 年实施，同时，含 CCS 的 PC 和 IGCC 电厂开始开发。PC-CCS 和 IGCC-CCS 的份额为 2015 年的份额

3 IPCC 排放因子数据库（2008）and BP-世界能源统计年鉴（2011）

在表7-3 中，考虑到煤炭在中国能源消费结构长期居于主导地位以及风能、太阳能等可再生能源技术的初始份额很低，且相对利用成本太高，在 2050 年前，这些技术对煤炭替代能力将十分有限，因此我们对这些技术设定了较小的替代参数值。同时，对于 IGCC+CCS、PC+CCS、核能这些技术相对传统煤电的替代能力设定了较高的数值（Anderson and Winne，2003）。

对于新能源技术的学习率，一般而言，仅考虑单因素学习效应时，学习率较低，而同时考虑基于研发的双因素学习时，学习率普遍较高。根据 McDonald 和 Schrattenholzer（2001）的估计和总结，核能技术的学习率为 5.8%，风能技术的学习率大体介于 8% ~ 18%，而光伏太阳能技术则在 20% 左右。此外，Mckinsey（2008）认为风电在 13% 左右，而光伏发电技术则约为 23%。据此，我们设定核能、风能、生物质能和其他可再生能源的学习率分别为 9%、12%、14% 和 20%。IGCC+CCS 和 PC+CCS 作为新型低碳发电技术，未来存在较大地学习成本下降潜力。由于 IGCC 技术尚未大规模应用，因此暂时无法获得其相关技术数据，同时考虑到煤电厂中烟道气脱硫技术（flue-gas desulfurization，FGD）与燃烧后脱碳技术的原理近似，故当前多用 FGD 系统的运行数据所估计的学习率来作为 PC+CCS 技术的学习率。Rubin 等（2004）和 Mckinsey（2008）估计 IGCC+CCS 技术的学习率分别为 11% 和 12%。Lohwasser 和 Madlener（2012）则认为学习率为 7.1% ~ 12.2%。此外，van den Broek 等（2009）也利用 FGD 数据估计了 IGCC+CCS 和 PC+CCS 技术的学习率，分别为 12% 和 11%。Li 等（2012）指出中国 IGCC+CCS 电厂的投资成本学习率为 9.64% ~ 20.22%，发电成本学习率为 7.26% ~ 14.89%，而减排成本的学习率大致为 6.36% ~ 14.62%。综合考虑，CE3METL 模型设定 IGCC+CCS 与 PC+CCS 技术的平均学习率分别为 11.1% 和 9.8%。

7.3.2 情景设定

为评估气候政策背景下 CCS 技术的发展，我们设定了除参考情景（REF）之外的 9 种政策情景，详见表 7-4。情景 1~4 主要考察在不同的排放空间约束下，国内研究人员方精云等提出的方案（FANG）[①]，联合国开发计划署方案（UNDP）[②]，经济合作和发展组织方案（OECD）[③] 和澳大利亚研究人员 Garnaut 提

[①] 在 FANG 方案下，中国排放峰值点将于 2035 年到来，且峰值水平为 4.4GtC，而 2006 ~ 2050 年的人均累积排放量的最佳可能范围为 71 ~ 109GtC，据此估计该情景下中国未来 40 年的排放空间约为 154.32GtC。

[②] 在 UNDP 方案下，中国 2020 年排放将比 2004 年增长 80%，而 2050 年的碳排放需要在 1990 年基础上降低 20%。据此，基于 2004 年和 1990 年排放数据和线性插值方法，我们估算 UNDP 情境下中国 2010 ~ 2050 年的排放空间约为 73.28GtC。

[③] 在 OECD 方案下，中国在 2030 年排放将比 2000 年增长 13%，2050 年时的排放量较 2000 年降低 34%，所以基于 2000 年排放数值和线性插值方法，我们估算 2010 ~ 2050 年国内的累积排放空间为 53.96GtC。

出的方案（GARN）[①]，CCS 技术在国内的发展和减排贡献。情景 5~7 主要考察在排放空间（UNDP）约束下，相关促进政策对 CCS 技术发展的影响。情景 8~9 为主要考察 CO_2 的资源化利用（国内倡导的 CCUS）对 CCS 技术发展，扩散及缓解气候政策对经济的负向影响方面的作用。在情景 8~9 中，假设每年资源化利用的 CO_2 量最大为 10 MtC，且主要用来强化采油（EOR），同时假设 2t CO_2 能够增采 1t 石油，不考虑 EOR 的利用成本[②]。参考情景及其他各个情景的计算结果见下节。

表 7-4　模拟情景设置

排放空间			注释
	REF	No	无政策实施
排放约束	Case 1	FANG	排放约束基于 FANG
	Case 2	GARN	排放约束基于 GARN
	Case 3	UNDP	排放约束基于 UNDP
	Case 4	OECD	排放约束基于 OECD
补贴	Case 5	UNDP	排放约束基于 UNDP、PC+CCS 和 IGCC+CCS 20% 的从价补贴
	Case 6	UNDP	排放约束基于 UNDP、PC+CCS 和 IGCC+CCS 30% 的从价补贴
	Case 7	UNDP	排放约束基于 UNDP、CCS 技术和非水能可再生能源 30% 的从价补贴
CO_2 利用	Case 8	No	无排放约束、含 CO_2 利用、被捕获的 CO_2 可用于 EOR 来获利
	Case 9	UNDP	排放约束基于 UNDP、含 CO_2 利用、被捕获的 CO_2 可用于 EOR 来获利

7.4　计算结果与分析

7.4.1　参考情景模拟

参考情景（REF）下不施行任何减排政策，模型主要计算结果见表 7-5。首先，国内能源消费总量在初期增长较快，但增速在后期逐渐趋缓。REF 情景下

---

① 在 GARN 方案下，中国 2020 年排放较 2001 年增长 195%，2050 年排放较 2001 年将降低 45%，所以基于 2001 年的排放数值和线性插值方法，我们估算 2010~2050 年国内的累积排放空间为 84.16GtC。

② CO_2 资源化利用在未来处置 CO_2 方面较有潜力，且能有效低 CCS 技术的应用成本，然而，目前中国目前还没有相关系统调查或估算以评估 CO_2 资源化利用的总体市场规模（气候组织，2011）。

2015 年"十二五"期末能源消费总量为 43.81 亿 tce，已经超过国内"十二五"期末 40 亿 tce 的总量控制目标。第二，能源消费结构依然由煤炭、石油、天然气等化石能源主导，CCS（PC+CCS 和 IGCC+CCS）技术，非水电可再生能源技术均发展较为缓慢，而核电在能源结构中占比增幅相对较为明显。2015 ~ 2050 年带 CCS 的煤电技术在能源消费中总体所占比例始终低于非水电可再生能源和核能。此外，在 REF 情景中，2020 年可再生能源技术在能源消费中的比例为 8.53%，远低于国内《可再生能源中长期规划》中设定的 16% 的目标。

表 7-5　参考情景的结果

指标	2015 年	2020 年	2030 年	2040 年	2050 年
GDP/万亿元	56.80	78.98	130.05	178.19	212.91
能源消费/10^9tce	43.81	57.41	84.00	102.60	109.79
碳排放/GtC	2.83	3.67	5.25	6.22	6.41
化石能源份额（煤+石油+天然气）/%	90.38	89.77	88.15	85.69	81.80
PC+CCS 和 IGCC+CCS 份额/%	0.52	0.62	0.89	1.29	1.86
非水能可再生能源发电份额（风能+生物质+其他）/%	0.98	1.15	1.61	2.35	3.57
核电份额/%	0.89	1.08	1.66	2.66	4.42

注：增长率表示未来 5 年的年均增长

7.4.2　排放空间限制情景计算结果（情景 1 ~ 4）

在模型介绍中已经提到，我们采用碳税作为控制国内排放不超过排放空间限制的政策工具，碳税水平由 CE3METL 模型内生计算得出。本章将减排措施归纳三种，即采用 CCS 带来的减排（CCS 捕获量由模型计算得出）、能源需求减少引起的排放减少（能源消费的下降）和能源替代带来的减排（核电、风电等无碳能源技术发展对传统化石能源的替代，不包括 CCS 的 CO_2 捕获量）。

在情景 1 ~ 4 的四种排放空间约束下，不同减排措施的贡献的计算结果见图 7-2。在四种排放空间约束下，除 FANG 方案外，国内 2010 ~ 2050 年 CO_2 排放量降低的主要是通过降低能源消费实现的。从减排贡献上看，情景 1 ~ 4 中 CCS 和能源替代的减排贡献均逐渐增加。2050 年时，在 FANG 方案下，27.96% 的减排来自能源消费的减少，13.22% 来自 CCS 技术，58.82% 来自能源替代；在 GARN 方案下，77.43% 的减排来自能源消费的减少，4.33% 的减排来自 CCS 技术，18.24% 的减排来自能源替代；在 UNDP 方案下，71.37% 的减排来自能源消费的减少，5.47% 的减排来自 CCS 技术，23.15% 的减排来自能源替代；在 OECD 方案下，69.16% 的减排来自能源消费的减少，5.71% 的减排来自 CCS 技术，25.12% 的减排来自能源替代。

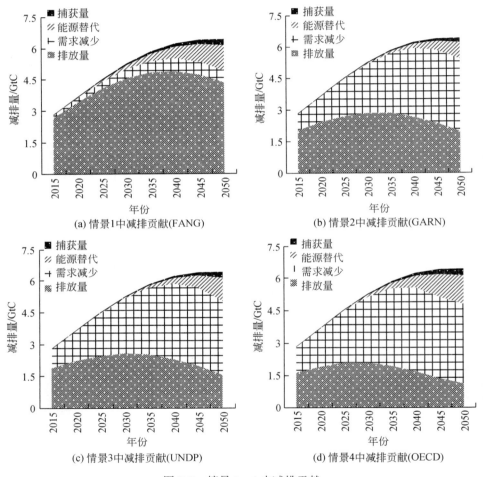

图 7-2　情景 1~4 中减排贡献

图 7-3 是 2010~2050 年情景 1~4 中国内能源消费，GDP 损失和碳税水平。我们在模型中控制排放的政策工具为碳税，图 7-3（a）中，排放空间大幅收紧时（情景 2~4），满足排放空间约束的碳税水平会大幅提高。尽管碳税水平增加会改

变不同能源技术之间的相对成本优势，模型中基于 Logistic 曲线刻画的能源替代使得短期内低碳和无碳能源技术受制于发展水平，难以大规模替代化石能源。图 7-3（b）中，在化石能源短期内无法被大规模替代的条件下，排放空间约束限制了能源的最大可供给量，排放空间越严格，能源消费相对参考情景降低越多（GARN 和 UNDP 方案下，2035 年国内能源消费分别较参考情景减少了 50.82% 和 55.77%）。图 7-3（c）中，模型基于 Ramsey 法则的内生经济增长机制，决定了生产函数中能源投入要素的减少会降低经济部门产出。碳税水平越高，能源部门供能成本提高，产出的减少和用能成本的提高导致了较高的 GDP 损失。

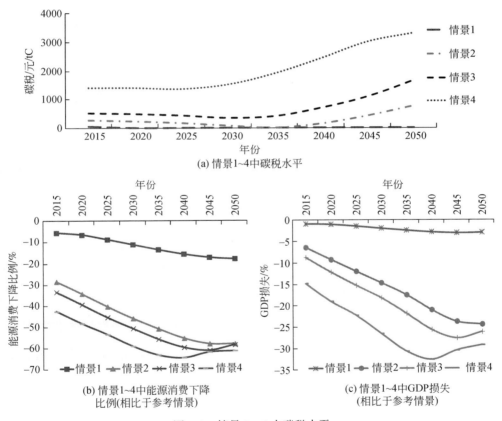

(a) 情景1~4中碳税水平

(b) 情景1~4中能源消费下降
比例(相比于参考情景)

(c) 情景1~4中GDP损失
(相比于参考情景)

图 7-3　情景 1 ~ 4 中碳税水平

图 7-4 是情景 1 ~ 4 中 CCS 和非水电可再生的相对化石能源的加权成本变化。CCS 和替代能源技术本身的学习效应，加上碳税对不同技术成本的调节，增加了这些能源技术相对化石能源的成本优势，带来加权成本比率的下降，并且非水电可再生能源的相对成本下降幅度要快于 CCS。情景 2 ~ 4 中 CCS 和非水电可再生能

源相对化石能源的加权成本比率分别在 2045 年、2040 年和 2035 年之后小于 1，可以视为形成有效能源供给。对应图 7-3（b），情景 2~4 中的国内能源消费也是在这些时间出现"翘尾"效应。因此，在严格的排放空间约束下，CCS 和无碳能源技术最早也需要在 2035 年才会形成有效能源供给。

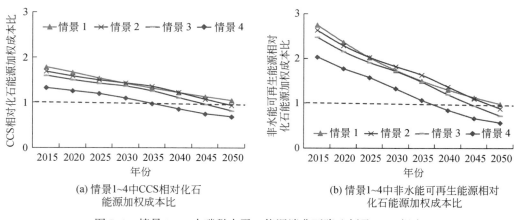

(a) 情景1~4中CCS相对化石
能源加权成本比

(b) 情景1~4中非水能可再生能源相对
化石能源加权成本比

图 7-4　情景 1~4 中碳税水平、能源消费下降比例及 GDP 损失

我们的计算结果与直观判断存在很大差异（一个较为直观的推断是，未来排放空间越是严格，以煤为主的国内能源消费将会愈发依赖 CCS 技术）。IEA 的 Blue Scenario 中 2050 年 CCS 的全球减排贡献水平为 19%（IEA，2010）。而在情景 1~4 中 CCS 减排贡献均低于这个水平。这里需要说明的是，在 IEA 的分析中，同样是给定排放空间约束，其目标函数是能源供给成本最小化，模型中全球经济增长率是外生给定的，并没有考虑能源使用与经济发展的内生反馈机制。在我们之前的分析中已经解释过，因为 CE3METL 模型考虑了能源使用与经济发展的内生反馈，在严格的排放空间约束下，早期 CCS 和无碳能源技术因为无法形成有效能源供给，导致减排主要依靠大幅降低能源消费实现。

7.4.3　政策激励情景模拟

考虑到 CCS 技术和其他新能源技术相对传统化石能源技术的成本较高，情景 5~7 主要考察在存在排放空间约束（UNDP）下，额外的补贴政策对 CCS 技术和无碳能源技术发展的影响。情景 5~6 中引入了高低两种水平的针对 CCS 技术的从价补贴（20% 和 30%），情景 7 中则对 CCS 和非水电可再生能源技术都进行补贴（Both 20%），以此考察不同的补贴水平和范围变化对带 CCS 的煤电技术发展的影响。

图 7-5 是情景 5 ～ 7 中 CCS 和非水电可再生的年均技术渗透率，和相对化石能源的加权成本变化。图 7-5（a）和图 7-5（c）中，随着补贴水平的提高，CCS 的技术渗透率也相应提高，形成有效能源供给的时间随之提前，在 30% 的从价补贴水平下（情景 6），CCS 在 2025 年就可以形成有效能源供给。对比图 7-5（b）和图 7-5（d），情景 5 和情景 6 单独对 CCS 进行补贴时，非水电可再生的技术渗透率和成本变化相比情景 3 并无明显变化，单独补贴 CCS 并不会影响非水电可再生能源的发展。并且由图 7-5（c）同样可以看出，在相同的补贴水平下，扩大补贴范围（情景 7）中 CCS 成本变化与单独补贴 CCS（情景 5）没有明显区别。这也说明 2050 年之前 CCS 与非水电可再生能源技术之间的相互竞争影响较小。

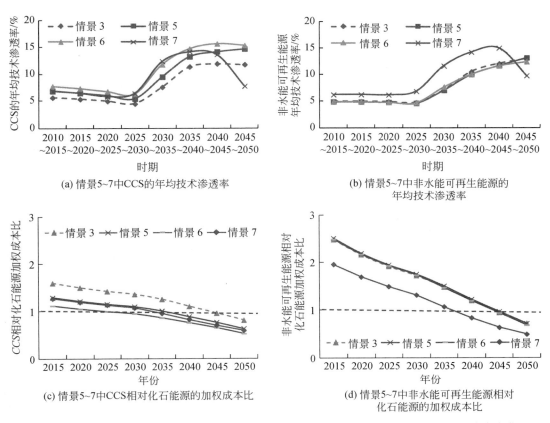

图 7-5　情景 5 ～ 7 中 CCS 和非水能可再生能源的技术渗透率和相对化石能源的加权成本变化

　　图7-6是情景5～7中的能源消费，GDP损失，和不同能源技术对化石能源的市场份额替代能力。图7-6（a）中，情景5～7中的补贴政策均加强了CCS对化石能源的替代能力。情景5和6单独补贴CCS，传统化石能源其让出的市场份额多数由带CCS的煤电技术所弥补。情景7中同时补贴CCS和非水电可再生能源，传统化石能源其让出的市场份额多数由非水电可再生能源所弥补。图7-6（b）和图7-6（c）中，相比情景5和6，情景7中扩大补贴范围可以带来能源消费的明显增加和GDP损失的明显减少。

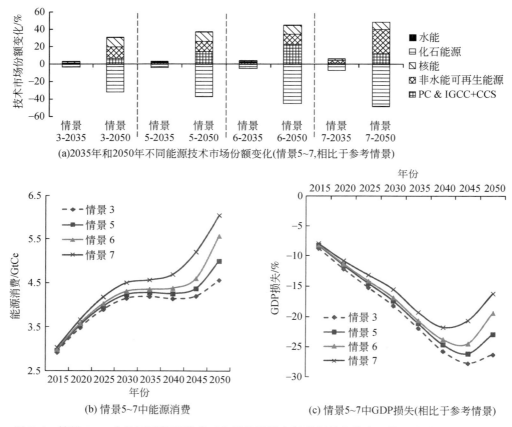

(a)2035年和2050年不同能源技术市场份额变化(情景5~7,相比于参考情景)

(b) 情景5~7中能源消费　　　　　　(c) 情景5~7中GDP损失(相比于参考情景)

图7-6　情景5～7中的不同能源技术对化石能源的市场份额替代能力、能源消费和GDP损失

7.4.4　CO$_2$资源化利用情景模拟

　　中国在CCS基础上提出CCUS概念，即在原有的碳捕获、运输和封存环节上，

考虑 CO_2 的资源化利用。目前国内对于 CO_2 资源化利用潜力的研究较少，在本章中假设在 CCS 技术被引入后，每年捕获的 CO_2 中可资源化利用的最大量为 10MtC，约为 2010 年国内排放总量的 0.5%，且主要用来强化采油（EOR）。情景 8 和情景 9 则分别考察了存在和不存在排放空间限制下，CO_2 资源化利用对国内带 CCS 的煤电技术发展，减排贡献以及技术渗透的影响，这里的排放约束情景同样为 UNDP 方案。

图 7-7 是在考虑 CO_2 资源化利用的条件下，不存在和存在排放约束时的 CCS 捕获量占国内排放的比例。在情景 8 中，相比参考情景，不存在排放空间限制时，对捕获 CO_2 的资源化利用可以在很大程度上增加 CCS 的捕获量（2050 年时，情景 8 中 CCS 捕获的 CO_2 占当年排放的比例为 5.31%，参考情景下的 2.12%）。并且情景 9 中 2050 年碳排放量为 5.29GtC，相对参考情景下降了 1.12GtC。在考虑排放空间约束后，与情景 3 相比，情景 9 中 CCS 的减排贡献仅略有提高，CO_2 资源化利用对 CCS 减排贡献的促进作用影响不大（2050 年时 CCS 捕获的 CO_2 占当年排放的比例为 17.34%，情景 3 中为 17.15%）。

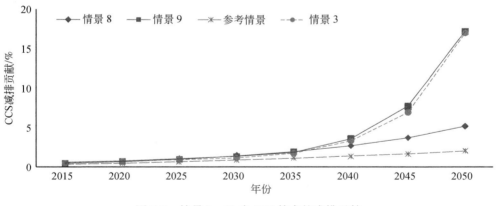

图 7-7　情景 9～10 中 CCS 技术的成排贡献

图 7-8 是 CO_2 资源化利用情景下 CCS 和非水电可再生能源的年均技术渗透率，以及不同能源技术对化石能源的市场份额替代能力。图 7-8（a）中，不考虑排放空间约束时（情景 8），化石能源让出的市场份额中还是主要由非水电可再生和核电所弥补，CO_2 资源化利用对化石能源让出的市场份额的弥补作用较小。而考虑排放空间约束后（情景 9），CO_2 的资源化利用对 CCS 煤电技术对化石能源让出市场份额的弥补能力较情景 3 相差不大。图 7-8（b）中，不考虑排放空间约束时（情

景 8），CO_2 资源化利用可以提高带 CCS 煤电技术的技术渗透速率，但是后期 CCS 技术渗透率呈逐渐递减的趋势。考虑排放空间约束后（情景 9），CCS 技术渗透率较情景 3 提高十分有限。

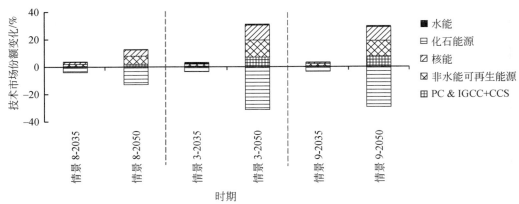

(a)2035年和2050年不同能源技术市场份额变化 (情景8~9,相比于参考情景)

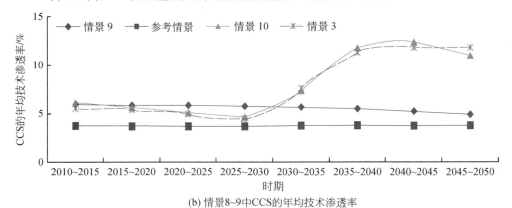

(b) 情景8~9中CCS的年均技术渗透率

图 7-8　情景 8～9 中 CCS 的年均技术渗透率

　　总的来看，不存在排放空间约束时，国家倡导 CO_2 资源化利用，可以在一定程度上促进 CCS 的发展，并对温室气体排放的减少产生一定贡献。但是在存在排放空间限制后，相比碳税，在本章所给定的 CO_2 资源化利用规模下，CO_2 资源化利用收益对带 CCS 的煤电技术成本弥补的作用十分有限，并不足以促进 CCS 技术的发展。需要指出的是，未来国内 CO_2 资源化利用规模是不确定的，我们设定的 CO_2 资源化利用规模是对国内资源化利用潜力的保守估计。

7.5 本 章 小 结

本章评价了国内在未来不同排放空间约束下 CCS 技术的潜在减排贡献，技术发展潜力，以及资源化利用问题。通过用排放空间约束替代气候损失函数，以及进出口建模，我们将全球能源–环境–经济内生增长模型修改为中国 CE3METL 模型，通过内接改进的 logistic 技术扩散模型和内生技术学习曲线模型，我们将 CCS 技术与燃煤发电技术 PC 和 IGCC 相结合，以研究 2050 年前 CCS 对国内减少温室气体排放可能的贡献。模型评价了在四种排放空间约束下（FANG，GARN，UNDP，OECD），CCS 的发展及相应的减排潜力，并对 CCS 相关补贴政策的影响进行了分析。此外我们还针对未来中国倡导的 CO_2 资源化利用，特别考察了 CO_2 资源化利用对 CCS 发展的影响。通过计算，我们可以得到以下结论：

首先，在四种排放空间约束下，2050 年之前 CCS 对减排的贡献均较为有限。在排放空间相对较为宽松时（FANG），替代能源技术对减排贡献最大。在排放空间较为严格时（GARN，UNDP，OECD），减排主要依靠大幅降低能源消费实现。因为技术扩散和成本学习需要时间，在严格的排放空间下，CCS 和替代能源技术需要经过 30 年左右的发展才会形成有效能源供给。在 2040 年之后 CCS 会有一定的发展，但是其减排贡献始终低于非水电可再生技术。

其次，补贴政策可以有效提前 CCS 形成有效能源供给的时间。并且因为 CCS 和非水电可再生能源在 2050 年之前主要是对传统化石能源进行替代，这两者之间的相互竞争影响较小，补贴并不会对两种技术发展之间产生冲突。此外从能源消费和 GDP 变化上看，扩大补贴范围（同时补贴 CCS 和非水电可再生技术）可以起到很好的政策效果。

最后，在本章设定的 CO_2 资源化利用潜力下，其可以发挥作用的空间是在不存在排放约束时。一旦国内面对较为严格的排放约束，与碳税相比，CO_2 资源化利用的收益对技术成本的弥补作用有限，对 CCS 发展不会起到显著影响。

综上，我们认为 2050 年之前 CCS 在国内的发展潜力较为有限。从政府的角度来看，因为目前国内能源消费以煤为主，为实现煤炭的清洁利用，需要重视并发展 CCS 技术。在没有排放空间约束下，政府所倡导的 CO_2 资源化利用可以对促进

CCS 发展起到一定的效果，并且如果资源化利用潜力可以进一步提升，或将在更大程度上促进 CCS 发展。而当排放空间较为严格时，政府直接补贴 CCS 使用成本对促进 CCS 发展的效果更加明显。同时，政府在经济发展，能源消费和减排之间也存在着权衡。为最大限度的降低减排所带来的经济损失，政府需要促进包括 CCS 和非水电可再生技术的多种低碳无碳能源技术共同发展。根据我们的分析，2050 年前这些技术的主要作用是替代化石能源，技术之间不存在明显竞争关系，所以在排放空间存在时，政府可以针对这些技术的发展特点在激励政策上有所侧重。考虑到 CCS 在能源消费中的份额扩张要低于非水电可再生技术，政府在早期可以侧重于激励非水电可再生技术的发展以提高能源供给量，而后期可以侧重于补贴 CCS 技术以实现更大的减排量。

|第 8 章| 低碳技术融资激励政策及对 CCS 融资的建议

在之前章节中，针对 CCS 的技术经济性评价，我们从不同方面展开了一系列的研究。需要指出的是，技术的发展离不开资金的支持，低碳技术的不确定性及其高初始成本构成特有的潜在资金风险，单纯依靠传统融资途径不能有效克服目前的资金缺口。因此融资也是 CCS 技术发展中十分重要的环节。CCS 技术目前尚未成熟且成本高昂而政策支持力度与公众认知程度均不足，导致技术融资渠道不通畅，阻碍了该技术的广泛推广。如何针对 CCS 技术建立有效的融资激励机制是目前亟需解决的问题。本章主要探讨完善 CCS 融资机制问题。通过回顾低碳技术融资的途径，结合当前 CCS 技术的融资困境及典型失败案例的经验教训，就建立参与主体多元化的 CCS 融资的市场化机制提出一定的设想与建议。

8.1　低碳技术现有融资政策与渠道

低碳技术的不确定性及其高初始成本构成特有的潜在资金风险。单纯依靠传统融资途径不能有效克服目前的资金缺口。目前低碳技术融资的渠道主要体现在两个层面与两种途径。两个层面指国际层面上的气候融资机制与国家层面的政府融资激励政策；两种途径则是政府直接参与投资与银行等其他市场参与者的推动。

8.1.1　国际气候融资机制促进低碳技术推广

国际气候融资机制是在《联合国气候变化框架公约》机制下为发展中国家低碳技术建立的融资模式，该公约要求发达国家通过赠予或转让低碳技术向发展中国家而提供资金支持；《京都议定书》明确了发达国家资金责任并提出清洁发展机制（CDM），发达国家帮助发展中国家发展低碳技术可获得减排量以履行减排责任；哥本哈根气候峰会提出发达国家要在 2010～2012 年和 2013～2020 年分别提供 300 亿美元的快速启动资金和每年 1000 亿美元的长期资金，用于帮助发展中国家应对气候变化；"德班平台"则明确建立一个拥有多方资金来源和多种金融工具与渠道的融资机制。

而世界银行等国际政策性金融机构相继推出世界银行原型碳基金（PCF）、世界银行伞形碳基金（UCF）等碳基金，为低碳技术发展提供 4400 万～25 000 万美元不等的资金支持。

8.1.2 政府在推动低碳技术发展中发挥重要作用

8.1.2.1 通过直接投资推动低碳技术发展

一方面，部分国家实行绿色电力政府采购制度，如加拿大承诺采购 20% 的低排放或零排放生产电力用于政府设施；另一方面，政府通过财政拨款直接投资，美国 2009 年《复苏和再投资法案》的投资计划中约 7%（580 亿美元）投入环境与能源领域。英国 2009 年财政预算案宣布提供 4.05 亿英镑用以支持开发低碳技术。

同时政府成立专门的辅助机构为技术推广提供信息支持与服务。OECD 国家开展可再生能源资源调查并建立有关的信息系统，并制定生产标准，为低碳技术产品的市场准入与质量保证提供支持。

8.1.2.2 通过适当资助与补贴激励低碳投资

第一，扶持技术研发。有些国家针对一至两项关键技术给予全方位支持以维持其在该技术上的领先地位，如德国和意大利的光伏、丹麦和荷兰的风电、加拿大的太阳能热利用、瑞典和奥地利的生物质能，而美国支持所有可再生能源技术发展。欧盟在 2000～2006 年在低碳技术研发方面已投资 20 亿欧元，并在 2007～2013 年再投资 90 欧元（蓝虹等，2013）。

第二，扶持生产、经营者。加拿大政府 2001 年实施价值 2.6 亿加元的风力生产激励措施（WPPI），为风力建设项目提供长达 10 年的 0.8 ~ 1.2 加分/kWh 补贴，为该国风电发展带来约 15 亿加元的融资和 100 万 kW 的新增风力发电机组。

第三，引导使用者。多国政府对新能源的使用者提供低息贷款和信贷担保。日本政府为太阳能热利用装置提供的年度补助达到 3.75 亿日元，其中 6995 万日元用于电视宣传，并为公共设施购置、安装费用补助 50%。同时日本政府对住宅安装太阳能系统给予 5 或 10 年的年息仅为 3.9% 的低息贷款，贷款年度优惠总额达到 87 亿日元。

第四，建立风险投资基金解决前期投资问题。可再生能源技术属于投资风险大的资本密集型技术。对此，政府应按照创新技术项目加以对待。美国便通过风险投资基金促使风电场迅速发展；一些公司还建立了为期 10 年的住宅太阳能专用基金。

第五，建立来源多元化的公益性基金。较为典型的是美国加州的可再生能源发展公益基金和英国的碳基金。美国加州的可再生能源发展公益基金主要通过向电力用户电力附加费以筹资，以支持多种可再生能源技术，而英国"碳排放信托基金"的主要来源是英国的气候变化税，是典型的由政府投资、按企业模式运作的独立基金公司。

8.1.2.3　运用财税政策加以引导

一方面，对可再生能源的相关税收采用优惠或减免政策。美国联邦可再生能源生产税抵扣（PTC）制度规定电力企业可得到 1.5 美分/kWh 的税收抵扣。加拿大可再生与节能费用机制（CRCE）允许投资者全部抵消可再生能源和节能项目投资产生的某些不可回收成本。英国政府在 2007 年推出资本津贴（ECA）计划，针对节能设备、节水设备和低排量汽车采购提供税收减免；而加速成本回收制度（MACRS）也有效地减免公司税收负担，美国允许风能、太阳能和地热项目 5 年完成折旧，加拿大允许多数可再生能源设备 3 年完成折旧，德国允许私人购置的可再生能源设备 10 年完成折旧。

另一方面，对传统石化能源供应和消费者征收环境税，用以资助低碳技术。芬兰最早自 1990 年起对交通燃料（汽油和柴油）以及其他能源原料（轻燃料油、重燃料油、煤炭、泥煤、天然气和电力）征税，而将其中 7.5 亿欧元的收入用于各类环保开支；英国自 2001 年 4 月开始针对工业、商业和公共部门提供能源产品的供应商征收气候变化税（CCL），不同的能源品种按电当量采取不同的税率，以支持能效计划和可再生能源。

8.1.2.4 运用价费政策进行投资驱动

第一，购电税制度，即"最低保障性购电价格"制度。德国在 1991 年最先引入该制度，为可再生能源设置最低保证支付价格以体现甚至高于其社会和环境效益。德国政府要求电力事业局购买可再生能源发电并向其缴纳占其平均电价 90% 左右的费用，从而风电企业的收入达到 8 欧分/kWh，单位风机的平均税后投资回报率达到 5%～22%，提高了投资者的积极性，使德国在 1990～1995 年间风能装机容量每年翻一倍。

第二，可再生能源发电强制配额（RPS）与绿色证书交易制度。购电税存在高价低效、价格扭曲等问题，因此 RPS 等市场化机制受到青睐。RPS 要求可再生能源在各地电力建设中必须占有一定的比例，而可再生能源发电商通过投资获得与其发电量相当的绿色证书，而将证书在各地区（电网）间交易，可弥补高投资成本，在实现成本最优的同时提高其市场竞争力。美国德克萨斯州在 2001 年实施可再生能源配额制，当年新增风能装机 90 万 kW；美国其他地区及瑞典、日本、奥地利、澳大利亚和英国等国家也制定了可再生能源配额制政策；而中国也开始着力建立可再生能源强制配额制度。

第三，排放权交易制度。美国政府首创针对"排污权"的总量控制与交易（cap and trade）机制：政府设定一个排放上限，排放者可通过配额交易完成各自减排目标。美国排污权交易在实现减排成本有效的同时成功地控制了 SO_2 的排放。排放权交易制度可以通过市场机制为低碳技术投资提供价格信号以促进技术推广，并在温室气体减排机制如欧盟的 EU-ETS 中被广泛采用，而中国目前也开展了排放权交易机制的试点工作。

8.1.2.5 其他政策激励机制

主要包括：系统收益费制度，由配电公司向电力用户征收，并用于能源效率提高项目和可再生能源项目；绿电自愿认购制度，鼓励具有环保意识的居民和企业自愿支付高价购买绿色能源；项目投标制度，项目开发者参与可再生能源项目的报价与投标，而中标者以其投标价格获得长期购电协议；优先上网制度，电网运营商有义务将可再生能源项目与最近的网络节点连接，并有义务对其电网进行维护。

8.1.3 政策发展性银行融资支持力度不足

目前政府始终在低碳技术发展的融资激励方面发挥主导作用。银行等金融机构的参与度不高，而德国银行业向低碳技术提供融资支持方面的经验值得借鉴：

德国复兴信贷银行（KFW Bankengruppe）与德国政府共同设立规模约为 7000 万欧元的碳基金为可再生能源项目提供优惠贷款，而设立的低利率借贷项目用于建设高效、地区电网基础设施项目、储能项目以及清洁化石燃料发电项目，目前贷款额度标准提高至 2500 万欧元。

德意志银行（Deutsche Bank）通过发行基金、提供低碳投资产品等服务帮助低碳产业融资，同时提供碳市场融资服务，如构建跨地区、跨市场、跨币种的平台为 EUAs 和 CERs 提供保管、结算和清算服务，并提供碳市场投资建议等。

8.1.4 低碳技术融资渠道总结

通过梳理目前主要的低碳技术发展的融资与激励机制，可以发现低碳技术融资渠道主要有三个方面的来源，即国际层面的气候融资、政府直接投资、金融机构参与融资，见表 8-1。比较来看，国际气候融资机制受到气候变化谈判进程缓慢的不利影响，而金融机构等其他市场参与者较少，政府在低碳技术投资方面的作用更显重要。

表 8-1 低碳技术融资渠道梳理

渠道	典型案例	资金来源	资金规模
国际气候融资	绿色气候基金	发达国家出资	在 2013～2020 年每年提供 1000 亿美元的长期资金
	世界银行原型碳基金	发达国家政府、大型能源公司、金融机构	18 000 万美元

渠道	典型案例	资金来源	资金规模
政府直接投资	加拿大政府建筑物安装太阳能加热装置	政府出资	3590 万加元
	美国《复苏和再投资法案》	政府出资	580 亿美元
	英国碳预算计划	政府预算开支	4.05 亿英镑
金融机构参与融资	德国复兴信贷银行碳基金	与德国政府合作出资	7000 万欧元
	德意志银行	贷款	为光伏开发商 SRU Solar and Parabel 29.1MW 太阳能电站项目提供 3500 万欧元

8.2 CCS 技术融资面临的困境

目前 CCS 技术推广的最大障碍在于期望利润较低而碳融资机制缺乏所带来的高成本（Almendra et al.，2011）。目前 CCS 技术的融资激励主要集中在研发上。据估计，新建燃煤电厂安装 CCS 装置的捕获与储存总成本达 70～100 欧元/tCO_2，而实现大规模商业化运行成本需降低到 35 欧元/tCO_2。而为实现 IEA 建议的 10 年内 4500 万～6000 万 tCO_2 的存储目标，CCS 项目需融资 50 亿～80 亿美元。而目前 CCS 融资机制的困境有如下表现。

8.2.1 国际气候融资机制存在缺陷

多数气候基金仅提及支持 CCS 技术融资，但鲜有专门针对 CCS 技术的基金项目。Almendra 等（2011）基于 IEA 的评估指出到 2010 年需建成 3400 个 CCS 项目且其中 35% 在非 OECD 国家，才能实现 CCS 技术为 2050 年全球减排贡献率达到 19% 的目标。而在发展中国家推广 CCS 示范项目离不开国际气候融资机制的支持。表 8-2 给出了目前在发展中国家推广清洁能源技术所创立的碳基金（Almendra et al.，2011）。从表 8-2 中可以看出：一方面，每项资金的规模不足 1000 万美元，根本无法支付 CCS 技术示范项目的前期成本；另一方面，目前的国际气候融资机制缺少专门针对 CCS 技术的融资平台。

表8-2　可为 CCS 技术融资的现有发展中国家清洁能源技术融资来源

来源	类型	额度/美元
全球环境设备信托基金（GEF）	通过对生物多样性、气候变化有关项目的资本拨款帮助发展中国家完成其在 UNFCCC 的履约责任，目前已为 CCS 项目拨款	适用范围：300 万
气候变化特别基金（SCCF）	资助项目主要针对适应性、能力建设、技术转让、应对气候变化，由 GEF 运作	总担保金额：6000 万
最不发达国家基金（LDCF）	帮助最不发达国家执行国家适应行动项目（NAPAs），由 GEF 管理	总担保金额：2 亿 2400 万
清洁发展机制(CDM)	CCS 纳入 CDM 中，意味着投资者可以基于其存储的 CO_2 获得碳信用	2010 年 12 月的市场平均价格为 13 美元/t CO_2
欧盟碳排放权交易机制（ETS）	投资者基于其存储的 CO_2 获得碳信用	2010 年 12 月的市场平均价格为 18 美元/t CO_2
清洁能源融资伙伴基金（CECPF）	由亚洲开发银行组建并获得澳大利亚、日本、挪威、西班牙和瑞典的支持，通过资本拨款和贷款资助发展中国家清洁能源项目	总担保额度：602 万 2013 年的目标：20 亿 适用范围：1000 万
亚洲开发银行（ADB）CCS 基金	作为 CECPE 的 CCS 专用子基金，由澳大利亚筹集	CCS 担保额度：2190 万 适用范围：100 万
全球 CCS 学会（GCCSI）	由澳大利亚政府建立与资助，为 CCS 项目直接提供资本拨款，同时为 ADB 或克林顿气候倡议组织未来费用提供资金	平均年度支出：5000 万
清洁技术基金(CTF)	帮助发展中国家通过多边发展银行（MDB）资本拨款与贷款实现低碳发展转型。为低碳技术提供的融资规模逐步扩大并为新项目提供风险担保	总担保额度：43 亿 适用范围：2 亿
策略气候基金(SCF)	与 CTF 一道处于 UNFCCC 框架下，其为发展中国家实现新的方法提供完整的政策框架，CCS 适用其资助范围	CIF 总额：20 亿
世界银行能力建设 CCS 信托基金	资助 CCS 的能力建设和知识共享，提供碳资产创造服务	总资本：800 万
碳伙伴工具（CPF）	因为 CDM 较高的交易成本，CPF 基于长研发周期项目的风险投资，基本要素为"干中学"方法	总资本：2 亿

8.2.2 政府在融资支持方面仍扮演重要角色

1）相关政策支持

一些国家将 CCS 技术发展列入国家产业发展规划。欧盟出台的欧洲战略能源技术规划将 CCS 作为未来 10 年能源政策一揽子计划的基本工具（COM，2007）；挪威在能源总量控制、碳税机制等规定中均对 CCS 技术做了明确规定；澳大利亚出台 Regulatory Guiding Principles 和 Draft Offshore Petroleum Amendment（Greenhouse Gas Storage）Bill，为 CCS 技术推广构建政策框架并就管道运输、CO_2 注入与存储的安全管理做出规定；加拿大出台 "Turning the Corner" 计划，要求 2010 年后新建的燃煤电厂和油砂矿到 2018 年必须采用 CCS 技术（Environment Canada，2008）；日本将 CCS 列入 National Cool Earth- Innovative Energy Technology Program 中认定的21 个优先发展技术，并计划 2020 年建立第一个大规模捕获与储存装置；美国 EPA 清洁空气法案、交通部 49 号条例、安全饮用水条例等就 CCS 中运输、CO_2 注入等多方面进行了明确法律规范；中国、巴西、南非、印尼等主要发展中国家积极组建相关研究机构进行技术攻关，并与发达国家合作筹建 CCS 示范项目。

2）政府援助与补贴

一些国家通过资助、补贴与税收减免等政策推广 CCS 技术。欧盟各成员国可在不违反自由贸易原则的条件下对 CCS 不同关键技术进行补贴，其中德国对捕获技术给以 50% 的成本补贴，荷兰资助地下储存技术的 R&D，瑞典对封存的 CO_2 免征碳税，英国针对 CCS 示范项目进行补贴，澳大利亚则对所有低碳技术示范项目有所补贴。

3）利用排放权交易机制等市场化手段

欧盟修订 EU-ETS 中有关 CCS 项目的相关政策，而利用排放权交易机制促进 CCS 技术融资需要在排放权交易机制设计中加以改进，主要有：第一，针对存储设备出现泄漏后配额的提交及由此带来的气候损失评估与责任认定需要加以明确，以有效识别与应对存储风险；第二，保证机制的长期性为 CCS 技术投资提供明确稳定的信号，EU-ETS 将其第三阶段延长至 8 年以增加其政策的透明性和可预测性；第三，合理设计 CCS 装置的配额分配等相关规则，EU-ETS 在 2009 年明确将

CCS 技术纳入其中，相关设备无需上缴与其存储等量的 CO_2 配额，而新进入者配额拍卖的收入为 CCS 技术融资；第四，设计有效的方法学，解决 CCS 技术存储过程中的排放核算等问题；第五，建立有效的价格稳定机制为 CCS 机制投资产生有效激励，碳价较低则无法促进 CCS 技术发展。

4）技术投标竞争机制构建新的市场平台

参与者提供成本与电价信息参与投标，政府向中标者提供电量全额收购协议。该政策有效推动社会力量参与 CCS 技术的投资。英国自 2007 年 11 月开始推行该机制以支持电厂的 CCS 示范项目，中标者将得到其计划成本 100% 的资金支持。但是该机制仅针对燃烧后捕获技术，制约了燃烧前（中）捕获等相关技术的发展。

8.2.3　金融机构等其他市场参与者的融资规模不足

欧盟的欧洲投资银行（EIB）的融资参与度较高，其向投资者提供低息贷款且灵活制定贷款的时间、利率与规模（Conway，2006）以推动 CCS 技术发展。2007年 EIB 推出 1 亿欧元 2012 年后碳基金（Post-2012 Carbon Fund），与西班牙官方贷款委员会（ICO）、德国复兴银行、北欧投资银行（NIB）合作为相关技术提供超过 5 年的融资项目，但仍不足以实现 CCS 技术的大规模应用；EIB 还与中国合作，在中国气候变化贷款协议（CCCFL）框架下为中国进行 CCS 示范项目提供 5 亿欧元贷款。多边发展银行如亚洲发展银行（ADB）也为 CCS 技术提供基金、风险规避产品。ADB 专门设计 CCS 低成本融资工具，采用 sub-LIBOR 利率，提供预先碳融资（碳基金）和对 IGCC 的特许贷款。

8.3　CCS 项目融资经验

挪威、加拿大、德国、美国等国家已成功运营 CCS 示范项目，而有部分项目因融资机制不完善而被搁置。通过对比成功与失败项目的经验，为 CCS 融资机制的探讨带来启示。

8.3.1 成功 CCS 项目的经验分析

本章选取了挪威的 Mongstad 热电联产-CCS 项目和 Snøhvit 天然气田-CCS 项目、加拿大的 Weyburn-Midale 油田 CCS/EOR 项目和 Boundary Dam 燃煤电厂-CCS 项目以及德国 Schwarze Pumpe 燃煤电厂-CCS/EOR 项目等成功案例进行分析。表 8-3 给出了这几个 CCS 示范项目的基本信息及成功因素的比较。

表 8-3 CCS 示范项目典型案例成功因素分析

项目名称	所属国家	类型	政府参与融资及其比例	社会出资	政府激励政策	存在其他经济收益	金融机构参与
Mongstad	挪威	燃烧后	是（75.12%）	3 家能源公司参与	发电全额收购		否
Snøhvit	挪威	EGR	仅参股	1 家私人公司参与	碳税		否
Weyburn-Midale	加拿大	EOR	无	12 家国际公司共同筹资	无	EGR 采收率高	否
Boundary Dam	加拿大	燃烧后	是（19.35%）	SaskPower 公司与政府合作	电力市场管制		否
Schwarze Pumpe	德国	燃烧后	无	Vattenfall 能源公司自筹	无		否

从表 8-3 中可以看出，这些项目之所以取得成功，一方面是政府积极参与，包括直接投资和碳税、FIT 等激励政策，挪威的两个示范项目便得益于此；另一方面是政府与企业良好的合作关系，加拿大的 Boundary Dam 项目的成功便源于当地能源公司与政府的合作且公众对项目的支持度较高；而 CCS-EOR 项目的成功还缘于 EOR 高采收率带来的经济收益。但从这些案例来看，政策性银行等金融机构基本没有参与。

8.3.2 CCS 部分失败项目经验总结

同时本章还选取 5 个 CCS 示范项目融资失败的案例，分别是美国的 FutureGen 燃煤电厂+氢气 IGCC/CCS 项目，挪威 Tjeldbergodden 油田 CCS/EOR 项目，英国

Killingholme 燃烧前捕获 CCS 项目，澳大利亚 Kwinana IGCC/CCS 项目和 ZeroGem IGCC/CCS 项目。失败原因为中途返修重建、资金缺乏或者技术限制。表 8-4 给出了这几个 CCS 示范项目的基本信息及失败原因的分析。

表 8-4　CCS 示范项目典型失败案例原因分析

项目名称	所属国家	类型	状态	选址问题	成本不确定性	政府决策失误	未实现预期经济收益
FutureGen	美国	燃烧前 IGCC	重建	是	是	决策力度不足	
Tjeldbergodden	挪威	燃烧后	终止		是		是
Killingholme	英国	燃烧前 IGCC	延期			投标竞争机制不包含该技术	
Kwinana	澳大利亚	燃烧前 IGCC	延期	是			
ZeroGem	澳大利亚	燃烧前 IGCC	延期	是	是		

从表 8-4 中可以看出，引起 CCS 示范项目失败的原因是多种的，最关键的因素在成本、技术上的不确定性，澳大利亚的两个燃烧前捕获 IGCC/CCS 项目均缘于 CO_2 储存地点选址方面出现失误，使成本远超预期。同时政府的作用仍然重要，英国 Killingholme 项目的失败则归咎于其技术投标竞争机制不包括对燃烧前捕获技术的资金支持，这表明了政府融资激励政策的重要性。

通过比较分析 CCS 成功与失败的案例，本章归纳出影响 CCS 项目成败的几个关键因素，见表 8-5。

表 8-5　CCS 项目成败的影响因素

因素	成功案例	失败案例
政府强有力的支持与资金资助	Boundary Dam 项目	FutureGen 项目
良好的公司伙伴关系	Snøhvit 项目	FutureGen 项目
碳税等价格机制引导	Snøhvit 项目	
成本因素（EOR 的经济性等）		Tjeldbergodden 项目
技术因素（选址）	Kårstø 项目	Kwinana 项目 ZeroGem 项目

8.4　完善 CCS 融资机制的建议

借鉴各国低碳技术融资激励政策的经验，结合当前 CCS 技术融资相关措施，并汲取 CCS 典型项目的经验教训，针对 CCS 融资机制提出以下建议：

1）国际层面上需建立专门针对 CCS 技术的气候融资机制

气候融资已成为发达国家与发展中国家应对气候变化合作的重要手段。目前还缺乏专门针对 CCS 技术的国际气候融资机制以筹集大量资金支持技术研究与项目建设，为发展中国家推广 CCS 技术带来阻碍。因此需要在 UNFCCC 的框架下或者在世界银行等国际组织的引导下组建专门针对 CCS 技术的国际融资机制。

2）政府需继续在 CCS 技术研发和示范项目上大力投资与支持

政府在 CCS 技术的研发与示范项目建设上扮演公共物品提供者的角色。由于 CCS 技术层面尚存难题，而受气候谈判形势影响，多数政府缺少针对 CCS 技术更为详尽的政策支持框架，很难为 CCS 技术投资提供稳定的市场预期。

3）有效地将强制上网电价补贴、税收减免等财税政策运用到 CCS 技术中

前期投资成本的不确定性是 CCS 技术融资困难的突出特征。政府需采取补贴等激励机制，给予投资者一定的收益预期。燃煤（气）电厂安装 CCS 装置是 CCS 技术应用的重要领域。可专门针对安装 CCS 设备的电厂发电量提供一个长期稳定且高于发电成本的电价收购水平（FIT），对相关设备采用生产税实施减免或加速设备折旧等以减轻投资者的资金压力。

4）充分利用市场机制促进 CCS 技术发展

目前适合 CCS 技术的市场机制主要有：环境税、排放权交易机制、技术投标机制，而相关市场机制设计需加以完善。从挪威 Snøhvit 项目可以看出，确立一个有效的碳税水平是必要的；而排放权交易机制除需要价格稳定机制外，配额分配规则、拍卖收益融资及相关方法学均需加以完善；而由英国技术竞争机制得知，投标机制必须对技术提供全面的支持框架。

5）完善 CCS 技术的风险管理

技术层面的不完善是 CCS 推广的一大瓶颈。从部分失败项目的经验教训可以看出，CCS 存储选址是一个关键影响因素，这与 CCS 技术封存的风险息息相关。同时 CCS 项目与油田 EOR 相联系才能更好实现一定的投资收益。所以目前应就 CCS 存储风险管理加以研究，同时大力推广 CCUS 技术的发展。

6）大力倡导 Public-Private-Partnerships（PPP）融资合作框架

缺乏将社会资本引入的有效机制是 CCS 融资机制的关键障碍。目前仅有欧洲投资银行、亚洲发展银行等政策性银行参与其中。而鼓励金融机构等社会资本参

与需提高 CCS 技术的公众认可度，同时保证所实现的减碳价值可在减排机制中得以确认，以保证 CCS 技术投资的合理利润预期。而 BOT 模式作为有效吸引私人投资者参与的融资模式可加以推广，在构建私人投资者与政府良好合作关系的同时注重相关风险的防范。

8.5　市场化第三方融资设想——基于 BOT 模式的探讨

8.5.1　BOT 机制

BOT 机制即"建设–经营–转让（build-operate-transfer）"，是指私人投资者获得政府特许权，由其项目公司承担项目建设的投融资、建造、经营和维护，项目公司在特许权期限内通过出售产品或收费以回收成本并获得合理利润，而政府部门在特许期满后无偿收回该设施。BOT 融资模式由于投资额巨大、投资回收期长，在建成后具有稳定收益且行业竞争性不强，因此适用于能源行业的投资（陈斌，2012）。

8.5.2　运用 BOT 模式进行 CCS 技术融资的基本原理

由于 CCS 项目成本高昂，单纯依靠政府资金不能满足 CCS 项目发展的需求，必须要发挥私人投资者的作用，因此 BOT 模式可能成为被广泛应用的融资模式。而运用 BOT 模式进行 CCS 项目融资的机制如图 8-1 所示：

CCS 项目投资者从政府获得特许经营权后组建项目公司负责 CCS 项目的承建与管理，政府给予一定的财税支持，同时项目公司可以用特许经营权作为抵押向金融机构贷款。项目公司与设备供应商、建设单位、保险公司分别签订采购合同、施工承包合同、保险合同，并可通过与电网公司签订发电量收购合同，将捕获的 CO_2 出售给油气田进行 EOR 以获得收益或在碳排放权交易中出售配额以获得收益弥补成本并偿还贷款。当项目投资成本回收且获得合理利润后，投资者将 CCS 项目移交给政府运作。

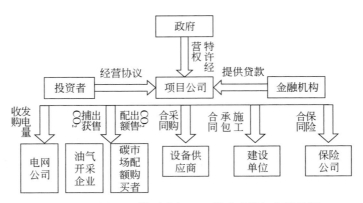

图 8-1 运用 BOT 模型进行 CCS 技术融资组织结构图

8.5.3 运用 BOT 模式进行 CCS 技术融资需注意的问题

第一，完善相关的政策法规。CCS 项目资金规模大、参与部门多，投资回收期长，需要政府融资方面的政策支持和法律保障，此外项目建设可能遇到政府税收、原材料供应、收取特许权使用费等方面的影响。一方面，政府应保障投资者权益，鼓励吸引更多资金参与融资；另一方面，BOT 项目特许权协议应明确各方权利和义务，避免法律纠纷。

第二，有效化解技术风险。CCS 项目存在技术层面的不确定性如 CO_2 存储地点不符合要求、存储地点造成水与环境污染等，从而可能增加项目成本，加大融资难度。而对此只能在技术层面采取措施以转移或降低风险，如及时了解 CCS 项目存储风险的原因并有效应对，加强方案设计和施工管理，严格遵守操作流程等。

第三，巧妙运用融资工具降低市场风险。CCS 项目运营期长且 BOT 项目负债率高（70%~90%），易受利率变化的影响；如果项目牵涉到外国企业，由汇率波动也会带来损失；同时通货膨胀会导致项目投入资金和运营成本增加，影响项目建设的工期。应对利率风险可通过固定利率贷款担保或政府的利息保证协议，而应对汇率风险可采取货币互换或者外汇风险均摊法，共同分担风险。

第四，保障项目安全有效运营。CCS 项目运营可能的主要收入源于储存 CO_2 的减排收益、EOR 的收益或者安装 CCS 装置电厂电力收购价格的补贴等，而技术层面即出现储存地点 CO_2 泄漏等问题，以及政策层面即减排机制上的问题如碳价格低迷、电价补贴不到位等均会带来运营风险，造成项目运营成本提高甚至项目失败，对此需在技术和政策支持上加以完善。

第五，关注项目移交风险。这一风险是 BOT 模式特有的，即运营期结束时投资者向政府移交 CCS 项目时出现的风险。由于 CCS 项目运营期比较长，在进行移交时设备可能出现老化或者淘汰，无法继续使用。因此需在签订特许权协议时对移交条件、标准尽量细化，同时借助保险公司等金融工具减少资金损失。

8.6 全 书 总 结

本章通过回顾低碳技术融资的途径，结合当前 CCS 技术的融资困境及典型失败案例的经验教训，就建立参与主体多元化的 CCS 融资的市场化机制提出一定的设想与建议。至此，全书已经告一段落。

如前所述，CCS 技术的投资和经济性评价问题是一个高度复杂性、综合性、系统性和动态性的问题，其经济性不仅由技术本身的特点决定，还受到其它减排技术方案，以及气候政策的影响。CCS 技术的重要性在于它是减少化石能源使用产生 CO_2 排放的唯一可行技术。考虑到中国以煤为主的能源消费结构和能源消费的快速增长使得中国在温室气体减排上面临着前所未有的国际压力和内在需求，这点对于中国尤为重要。

在本书的研究中，我们基于现代金融理论和管理科学方法，将资源禀赋、技术水平、资金预算、气候环境战略、能源价格、能源市场等不确定因素纳入考虑，针对具体问题建立了一系列的评价模型，从政策分析入手，在项目投资决策、电力企业发展决策和国家低碳发展战略制定三个层面对 CCS 技术的项目改造投资评价，全产业链多个利益相关方的风险-收益分摊，企业发电组合优化、以及中长期减排潜力等问题进行了研究。

在 CCS 的项目投资评价中，我们基于实物期权方法，将 CCS 技术看作一个投资期权，综合考虑了现有火电发电成本，碳价格、CCS 发电成本、以及 CCS 技术本身的不确定性，并加入了企业在 CCS 改造投资完成后的运营柔性，从不同方面对电力企业投资 CCS 技术建模。基于模型我们分析讨论了中国火电部门的 CCS 技术采用投资、已有燃煤电厂的 CCS 技术改造投资、以及碳排放交易中的底价机制对 CCS 改造投资的影响。

在电力企业发展决策中，一方面，我们建立了大型发电企业的投资组合优化模型，采用实物期权方法结合 Monte Carlo 模拟评估单个发电技术，并采用基于谱风险测度方法的投资组合模型进行发电组合优化决策。另一方面，我们针对全流程的 CCUS 项目，建立了包括多个利益相关方的风险-收益分析框架，以模拟存在多个不确定因素的条件下，不同利益相关方决策的相互作用，产业链风险传递和不同合同条款下不同相关方的收益与风险水平。

在国家低碳能源技术发展中，我们通过建立中国能源-环境-经济内生增长模型（CE3METL），通过内接改进的 logistic 技术扩散模型和内生技术学习曲线模型，将 CCS 技术与燃煤发电技术 PC 和 IGCC 相结合，评价了在四种排放空间约束下（FANG，GARN，UNDP，OECD），CCS 的发展及相应的减排潜力，并对 CCS 相关补贴政策的影响进行了分析。此外我们还特别考察了 CO_2 资源化利用对 CCS 发展的影响。

根据研究结果，我们发现：

（1）现有的技术水平和政策框架不足以促进企业进行 CCS 改造投资。目前 CCS 的投资风险较高，在所有的不确定因素中，气候政策对 CCS 发展影响最大。对于中国等发展中国家来说，CCS 技术发展的必要条件之一就是对火电等排放部门征收碳税，或引入碳排放交易机制。此外，CCS 捕获成本水平是影响企业投资 CCS 改造最关键的因素。

（2）政府需要在减少温室气体排放和保护电力企业利益方面做出权衡。如果要促进电力企业对 CCS 的投资，因为直接补贴发电的效果要弱于研发补贴，政府可以为 CCS 技术相关研发提供一定补贴，或者对 CCS 改造成功后的电厂根据其 CO_2 捕获量进行直接补贴，以提高企业的投资积极性。并且在不同的 CCS 发展情况下政府需要有所侧重，早期政府应侧重对企业 CCS 研发的补贴以帮助降低 CCS 投资成本，而当火电大规模采用 CCS 后，政府应更加注重对碳税或排放交易机制的调节，以达到更好的减排效果。

（3）碳价格稳定机制的引入对于 CCS 投资将会产生显著影响，阻碍当前 CCS 技术投资的不仅仅是当前较低的碳价水平，更重要的是未来碳价的不确定性，尤其是碳价格的下行风险。随着底价的提高，其对于企业进行 CCS 投资的边际促进效果呈现出先增后减的变化规律，当底价水平达到 30 欧元/tCO_2 时，CO_2 减排量接近最高可能减排量。

（4）从电力企业视角来看，在考虑煤电和天然气发电（NGCC）等多个可进行 CCS 改造的技术时，因为煤电和 NGCC 都具备 CCS 改造的灵活性，当 CO_2 价格增加时，煤电的成本优势不再显著，发电企业更倾向于投资 NGCC 电厂和风电。并且 CCS 的投资成本下降使得天然气电厂在减排中可以更多受益。但天然气发电在国内受限于资源禀赋，未来发展空间难以估计。

（5）从全产业链上来看，在 CO_2 资源化利用的合作中，油田处于相对优势的一方，而电厂是相对弱势的一方。这样不对等的合作会在很大程度上影响电厂对 CO_2 捕获的积极性。为保证电厂在 CO_2 利用合作中的积极性，合同条款设计需要适当偏向电厂一方，如提高电厂在 CO_2 供货价格上的话语权和选择权。只有保证电厂和油田在 CO_2 利用都能获得相应的收益或分摊对等的风险，才能保证全流程 CCUS 项目的顺利实施。

（6）长期来看，尽管技术十分重要，2050 年之前 CCS 对减排的贡献均较为有限。因为技术扩散和成本学习需要时间，在严格的排放空间下，CCS 和替代能源技术需要经过 30 年左右的发展才会形成有效能源供给。并且一旦国内面对较为严格的排放约束，与碳税相比，CO_2 资源化利用的收益对技术成本的弥补作用有限，对 CCS 发展不会起到显著影响。

（7）我们认为，当前大力推广 CCS 技术在融资机制上的关键在于推动社会资本的参与，单纯依赖政府的资金与政策支持难以突破 CCS 项目发展瓶颈。建立融洽、有效的公私合作伙伴（PPP）关系或许是今后解决 CCS 融资困境的有效途径。吸引社会资本参与到 CCS 技术的发展，这需要对 CCS 发展的商业模式进行大胆的探索和创新。从可行的 CCS 融资市场化机制来看，借鉴 BOT 模式的 CCS 融资机制是未来可尝试推广的重要融资手段。

参 考 文 献

巢清尘，陈文颖．2007．碳捕获和存储技术综述及对我国的影响．地球科学进展，21（3）：291-298.

陈斌．2012．环保项目 BOT 融资模式风险管理研究．昆明：昆明理工大学硕士学位论文．

陈文颖．2007．CO_2 收集封存战略及其对我国远期减缓 CO_2 排放的潜在作用．环境科学，（6）：1178-1182.

范英．2011．温室气体减排的成本、路径与政策研究．北京：科学出版社．

范英，朱磊，张晓兵．2010．碳捕获封存技术认知，政策现状与减排潜力分析．气候变化研究进展，6（5）：362-369.

高析．2002．BOT 项目融资模式风险分析．水力发电，（4）：10-14.

国家电力监管委员会．2011．中国电力年鉴 2010．北京：中国电力出版社．

国家发展和改革委员会．2007a．中国应对气候变化国家方案．

国家发展和改革委员会．2007b．能源发展"十一五"规划．

国家发展和改革委员会．2007c．可再生能源中长期发展规划．

国家统计局．2006．中国统计年鉴 2006．北京：中国统计出版社．

国家统计局．2007．中国统计年鉴 2007．北京：中国统计出版社．

国家统计局．2008．中国统计年鉴 2008．北京：中国统计出版社．

国家统计局．2011．中国统计年鉴 2010．北京：中国统计出版社．

国家统计局．2012a．中国能源统计年鉴 2011．北京：中国统计出版社．

国家统计局．2012b．中国统计年鉴 2011．北京：中国统计出版社．

国务院．2008．中国应对气候变化的政策与行动．

科学技术部社会发展科技司，中国 21 世纪议程管理中心．2010．碳捕集、利用与封存技术在中国．

匡建超，王众，霍志磊．2012．中国二氧化碳捕捉与封存（CCS）技术早期实施方案构建研究．中外能源，17（12）：17-20.

蓝虹，孙阳昭，吴昌，等．2013．欧盟实现低碳经济转型战略的政策手段和技术创新措施．生态经济，6：62-65.

刘延锋，李小春，白冰．2005．中国 CO_2 煤层储存容量初步评价．岩石力学与工程学报，24（16）：2947-2952.

聂振霞，赵小军，刘浩瀚．2010．低品位油藏经营风险评价模型及其应用．西南石油大学学报（社会科学版），3（2）：12-16.

气候组织．2011．碳捕集与封存-CCUS 在中国 18 个热点问题．

曲建升，曾静静．2007．二氧化碳捕获与封存：技术、实践与法律——国际推广二氧化碳捕获与封存工作的法律问题分析．世界科技研究与发展，29（6）：78-83.

王众．2012．中国二氧化碳捕捉与封存（CCS）早期实施方案构建及评价研究．成都：成都理工大学博士学位论文.

许世森. 2009. 中欧碳捕集与封存合作项目成果报告. 中欧煤炭利用近零排放项目组.

寻斌斌. 2011. 排污权交易市场与电力市场的交互作用研究. 广州：华南理工大学博士学位论文.

杨晓丹. 2007. 海外水电站项目 BOT 融资风险管理研究. 重庆：西南财经大学硕士学位论文.

张斌，倪维斗，李政. 2005. 火电厂和 IGCC 及煤气化 SOFC 混合循环减排 CO_2 的分析. 煤炭转化，28（11）：1-7.

张建府. 2010. 碳捕集与封存技术（CCS）成本及政策分析. 中外能源，3：21-25.

张军，等. 2008. 国际能源战略与新能源技术进展. 北京：科学出版社.

张黎. 2006. BOT 融资项目风险影响因素分析及风险管理研究. 重庆：重庆大学硕士学位论文.

中国电力年鉴编辑委员会. 2010. 中国电力年鉴 2010. 北京：中国电力出版社.

2050 中国能源和碳排放研究课题组（2050 能源报告）. 2009. 2050 中国能源和碳排放报告. 北京：科学出版社.

Abadie L M, Chamorro J M. 2008a. Valuing flexibility: The case of an integrated gasification combined cycle power plant. Energy Economics, 30: 1850-1881.

Abadie L M, Chamorro J M. 2008b. European CO_2 prices and carbon capture investments. Energy Economics, 30: 2992-3015.

Acerbi C. 2002. Spectral measures of risk: a coherent representation of subjective risk aversion. Journal of Banking and Finance, 26 (7): 1505-1518.

Acerbi C, Simonetti P. 2002. Portfolio Optimization with Spectral Measures of Risk. Working Paper.

Alexander Brauneis, Michael Loretz. 2011. Inducing low-carbon investment in the electric power industry through a price floor for emissions trading. working paper. http://www.feem.it/userfiles/attach/2011101899134NDL2011-074.pdf.

Alexander Brauneis, Michael Loretz, Roland Mestel, et al. 2011. Investment timing under price management on the CO_2-market. Working paper. http://www.uni-graz.at/bvbwww_research_seminar_2011_05_palan.pdf.

Almendra F, West L, Zheng L, et al. 2011. CCS demonstration in developing countries: priorities for a financing mechanism for carbon dioxide capture and storage. World Resources Institute Working Paper, Washington, DC, USA.

Anderson J, Coninck H D, Curnowp, et al. 2007. Multidisciplinary analysis and gap-filling strategies. Deliverables D4.1 and 4.4 from ACCSEPT. Intermediary report from ACCSEPT. http://www.accsept.org/outputs/wp_4_november.pdf.

Anderson D, Winne S. 2003. Innovation and threshold effects in technology responses to climate change. Working Paper 43. Tyndall Centre for Climate Change Research.

Aspelund A, Gundersen T. 2009. A liquefied energy chain for transport and utilization of natural gas for power production with CO_2 capture and storage-Part 2: The offshore and the onshore processes. Applied Energy, 86: 793-804.

Australian Government. 2011. Securing a clean energy future. The Australian government's climate change plan. http://www. cleanenergyfuture. gov. au/wp-content/uploads/2011/07/Consolidated-FinaL pdf.

Awerbuch S. 1995. Market-based IRP: it's easy!!! The Electricity Journal, 8 (3): 50-67.

Awerbuch S. 2000. Investing in photovoltaics: risk, accounting and the value of new technology. Energy Policy, 28 (14): 1023-1035.

Awerbuch S. 2004. Towards a finance-oriented valuation of conventional and renewable energy sources in Ireland. Report prepared for Sustainable Energy Ireland, Perspective from Abroad Series. Dublin.

Bakken B H, Streng Velken IV. 2008. Liner models for optimization of infrastructure for CO_2 capture and storage. IEEE Transactions on Energy Conversion, 23 (3): 824-833.

Bloomberg. 2012. Leading the energy transition: Bringing carbon capture & storage to market. Bloomberg Energy Finance Whitepaper.

Blyth W, Bradley R, Bunn D, et al. 2007. Investment risks under uncertain climate change policy. Energy Policy, 35 (11): 5766-5773.

Blyth W, Yang M. 2007. Modeling Investment Risks and Uncertainties with Real Options Approach. Working Paper LTO/2007/WP 01, IEA, Paris.

Brauneis A, Loretz M. 2011. Inducing low-carbon investment in the electric power industry through a price floor for emissions trading. Working paper. http://www. feem. it/userfiles/attach/2011101899134NDL2011-074. pdf.

Brauneis A, Loretz M, Mestel R, et al. 2011. Investment timing under price management on the CO_2-market. Working paper. http://www. uni-graz. at/bvbwww_ research_ seminar_ 2011_ 05_ palan. pdf.

Brennan M J, Schwartz E S. 1985. Evaluating natural resource investments. J. Business, 58: 135-157.

Brock W R, Bryan L A. 1989. Summary results of CO_2 EOR field tests, 1972-1987. Paper presented at the Low Permeability Reservoirs Symposium, Denver, Colorado.

Capros P, Mantzos L, Papandreou V, et al. 2007. Energy systems analysis of CCS technology: PRIMES model scenarios. E3ME-lab/ICCS/National Technical University of Athens, Athens. Final report to DG ENV.

Churchill C W, Steidel C C, Vogt S S. 1996. On the spatial and kinematic distributions of Mg II absorbing gas in <z< approximately 0. 7 galaxies. Astrophysical Journal, 471: 164.

COM. 2007. An energy policy for Europe. Commission of the European Communities.

Coninck H D, Flach T, Curnow P, et al. 2009. The acceptability of CO_2 capture and storage (CCS) in Europe: An assessment of the key determining factors. International Journal of Greenhouse Gas Control, 3 (3): 333-343.

Conway P, Eickhoff C. 2006. Potential role of EIB and public /private partnerships. Towards hydrogen and electricity production with carbon dioxide capture and storage (DYNAMIS).

Coombes P, Graham P, Reedman L. 2006. Using a real- options approach to model technology adoption under carbon price uncertainty: an application to the Australian electricity generation sector. The Economic Record, 82 (S1): 64-73.

Cormos C C. 2012. Integrated assessment of IGCC power generation technology with carbon capture and storage (CCS) . Energy, 42: 434-445.

Cotter J, Dowd K. 2006. Extreme spectral risk measures: an application to futures clearinghouse margin requirements. Journal of Banking and Finance, 30 (12): 3469-3485.

CÉDRIC PHILIBERT. 2009. Assessing the value of price caps and floors. CLIMATE POLICY, 9 (6): 612-633.

Davis G, Owens B. 2003. Optimizing the level of renewable electric R&D expenditures using real options analysis. Energy Policy, 31 (15): 1589-1608.

Davison J. 2009. Electricity systems with near-zero emissions of CO_2 based on wind energy and coal gasification with CCS and hydrogen storage. International Journal of Greenhouse Gas Control, 3: 683-692.

De Laquil P. 2009. Optimal strategies for achieving the objectives of the American clean energy and security act. US MARKAL-TIMES Symposium. U. S. EPA Office of Research and Development, Research Triangle Park, North Carolina.

DeJager D, Rathmann M, Klessmann C, et al. 2008. Policy instrument design to reduce financing costs in renewable energy technology projects. Ecofys, by order of the IEA Implementing Agreement on Renewable Energy Technology Deployment (RETD), Utrecht, the Netherlands.

Dixit A K, Pindyck R S. 1994. Investment Under Uncertainty. Princeton: Princeton University Press.

DOE. 2009. Carbon Capture Research, The United States Department of Energy. http: //www. fossil energy. gov/ programs/sequestration/capture/index. html.

Duan H B, Fan Y, Zhu L. 2013. What's the most cost−effective policy of CO_2 targeted reduction: An application of aggregated economic technological model with CCS? Applied Energy, 112 (12): 866-875.

EC. 1990. Industrial policy in an open and competitive environment: guidelines for a community approach. COM (90) 556. European Commission, Brussels.

EC. 2004. Science and technology, the key to Europe´s Future- Guidelines for Future European Union Policy to support research. COM (2004) 353 final European Commission, Brussels.

EC. 2005a. EU research- building knowledge Europe: The EU's new research framework programme 2007- 2013. Memo/05/114. European Commission, Brussels.

EC. 2005b. On the review of the sustainable development strategy- a platform for action. COM (2005) 658 final European Commission, Brussels.

EC. 2006a. Better regulation- simply explained. http: //ec. europa. eu/governance/better_ regulation/documents/ brochure/br_ brochure_ en. pdf.

EC. 2006b. Green Paper: A European strategy for sustainable, competitive and secure energy. COM (2006) 105 final Commission of the European Communities, Brussels.

EC. 2006c. Sustainable power generation from fossil fuels: aiming for near- zero emissions from coal after 2020. COM (2006) 843 final Commission of the European Communities, Brussels.

EC. 2006d. Impact assessment accompanying the communication on Sustainable power generation from fossil fuels. SEC (2006) 1722. European Commission, Brussels.

EC. 2007a. Communication on a European Strategic Energy Technology Plan (SET- Plan). COM (2007) 723 finaL European Commission, Brussels.

EC. 2007b. The European research area: New perspectives. SEC (2007) 412. European Commission, Brussels.

EC. 2007c. Communication and impact assessment on sustainable power generation from fossil fuels. COM (2006) 843 final and SEC (2006) 1722. European Commission, Brussels.

EC. 2007d. Impact assessment accompanying the communication on a European Strategic Energy Technology Plan (SET-Plan). SEC (2007) 1508. European Commission, Brussels.

EC. 2008a. Proposal for a directive on the geological storage of carbon dioxide. COM (2008) 18 final European Commission, Brussels.

EC. 2008b. Impact assessment accompanying the proposal for a directive on the geological storage of carbon dioxide. SEC (2008) 54. European Commission, Brussels.

EC. 2008c. Impact assessment board-report for the year 2007. SEC (2008) 120. European Commission, Brussels.

EC. 2008d. Impact assessment accompanying the communication on supporting early demonstration of sustainable power generation from fossil fuels. SEC (2008) 47. European Commission, Brussels.

EC. 2008e. Communication on supporting early demonstration of sustainable power generation from fossil fuels. COM (2008) 13 final European Commission, Brussels.

EC. 2008f. 2020 by 2020- Europe's climate change opportunity. COM (2008) 30 final European Commission, Brussels.

EC. 2008g. Proposal for a Directive of the European Parliament and of the Council amending Directive 2003/87/EC so as to improve and extend the greenhouse gas emission allowance trading system of the Community. COM (2008) 16 final Commission of the European Communities, Brussels.

ECN. 2004. Markal-matter model data. Energy Research Centre of the Netherlands (ECN). http: //www. ecn. nl/ ps/index. en. html.

Edmonds J, Clarke J, Dooley J, et al. 2004. Stabilization of CO_2 in a B2 world: Insights on the role of carbon capture and disposal, hydrogen, and transportation technologies. Energy Economics, 26 (4): 517-537.

EIA. 2000. Costs and indices for domestic oil and gas field equipment and production operations 1996 through 1999. Energy Information Administration, U. S. Department of Energy, Washington, DC.

Ellerman A D, Buchner B K. 2008. Over-allocation or abatement? A preliminary analysis of the EU ETS based on the 2005e06 emissions data. Environmental and Resource Economics, 41 (2): 267-287.

Energy Information Administration（EIA）. 1996. Office of Oil and Gas，Costs and Indices for Domestic Oil and Gas Field Equipment and Production Operations，1996. Available：http：//www. arlis. org/docs/vol1/8715527/8715527-1992-1995. pdf

Environment Canada. 2008. Turning the Corner：Regulatory Framework for Industrial Greenhouse Gas Emissions.

Escosa J M，Romeo L M. 2009. Optimizing CO_2 avoided cost by means of repowering. Applied Energy，86：2351-2358.

EU IA Board. 2007. Impact assessment board opinion on impact assessment on a proposal for a directive on geological storage of carbon dioxide. SEC（2008）56. Impact Assessment Board，Brussels.

EU. 2001. Directive 2001/42/EC of the European Parliament and of the council on the assessment of the effects of certain plans and programmes on the environment.

EU. 2007. An Energy Policy for Europe. European Commission，Brussels.

EU. 2008. Position of the European Parliament adopted at first reading on 17 December 2008 with a view to the adoption of Directive 2009/. . . /EC of the European Parliament and of the Council on the geological storage of carbon dioxide and amending Council Directives 85/337/EEC，96/61/EC，Directives 2000/60/EC，2001/80/EC，2004/35/EC，2006/12/EC and Regulation（EC）No 1013/2006.

Fan Y，Mo J L，Zhu L. 2013. Evaluating coal bed methane investment in China based on a real options model. Resources Policy，38（1）：50-59.

Fell H，Burtraw D，Morgenstern R D，et al. 2011. Soft and hard price collars in a cap-and-trade system：A comparative analysis. Journal of Environmental Economics and Management. doi：10. 1016/j. jeem. 2011. 11. 004.

Fleten S E，Näsäkkälä. 2010. Gas- fired power plants：Investment timing，operating flexibility and CO_2 capture. Energy Economics. 32（4）：805-816.

Fuss S，Johansson D，Szolgayova J，et al. 2009. Impact of climate policy uncertainty on the adoption of electricity generating technologies. Energy Policy，37（2）：733-743.

Fuss S，Szolgayova J，Khabarov N，et. al. 2012. Renewables and climate change mitigation：Irreversible energy investment under uncertainty and portfolio effects. Energy Policy，40：59-68.

Fuss S，Szolgayova J，Obersteiner M，2008. Investment under market and climate policy uncertainty. Applied Energy，85（8）：708-721.

Gerlagh R，van der Zwaan B C C. 2006. Options and instruments for a deep cut in CO_2 emissions：carbon capture or renewable，taxes or subsidies? The Energy Journal，27：25-48.

Gibbins J，Chalmers H. 2006. Carbon Sequestration Carbon Capture and Storage. Cambridge Energy Forum Sustainable Energy Conference.

Glachant M，Dechezlepretre A，Hascic I，et al. . 2008. Invention and transfer of climate change mitigation technologies on a global scale：A Study Drawing on Patent Data. Mines ParisTech，Paris.

Golombek R，Greaker M，Kittelsen S A C，et al. 2011. Carbon capture and storage technologies in the European

Power Market. The Energy Journal, 32: 209-237.

Grimaud A, Lafforgue G, Magné. 2011. Climate change mitigation options and directed technical change: A decentralized equilibrium analysis. Resource and Energy Economics, 33: 938-962.

Heddle G, Herzog H, Klett M. 2003. The economics of CO_2 storage. Massachusetts Institute of Technology, Laboratory for Energy and the Environment.

Held H, Kriegler E, Lessmann K, et al. 2008. Efficient climate policies under technology and climate uncertainty. Energy Economics, doi: 10. 1016/j. eneco. 2008. 12. 012.

Hetland J, Kvamsdal H M, Hangen G, et al. 2009. Integrating a full carbon capture scheme onto a 450 MWe NGCC electric power generation hub for offshore operations: Presenting the Sevan GTW concept. Applied Energy, 86: 2298-2307.

Heydari S, Ovenden N, Siddiqui A, et al. 2010. Real options analysis of investment in carbon capture and sequestration technology. Computational Management Science, 9 (1): 109-138.

HM Treasury, HM Revenue & Customs. 2010. Carbon price floor: support and certainty for low-carbon investment.

HM Treasury, HM Revenue & Customs. 2011. Carbon price floor consultation: the government response, London.

Hoffmann VH. 2007. EU ETS and Investment Decisions: The Case of the German Electricity Industry. European Management Journal, 25 (6): 464-74.

IEA. 2008b. CO_2 Capture and Storage- A Key Carbon Abatement Option. International Energy Agency (OECD/IEA), Paris.

IEA. 2009. Technology Roadmap for Carbon Capture and Storage. International Energy Agency (OECD/IEA), Paris.

IEA. 2010a. Carbon capture and storage: Progress and next steps. International Energy Agency (OECD/IEA), Paris.

IEA. 2010b. Energy Technology Perspectives. International Energy Agency (OECD/IEA), Paris.

IEA. 2010c. World Energy Outlook 2010. International Energy Agency (OECD/IEA), Paris.

IEA. 2011. CO_2 Emissions from Fuel Combustion. International Energy Agency (OECD/IEA), Paris.

IEA. 2011. Cost and performance of carbon dioxide capture from power generation. Working Paper. International Energy Agency (OECD/IEA), Paris.

IEA. 2004. Prospects for CO_2 capture and Storage. International Energy Agency (OECD/IEA), Paris.

IEA. 2007a. CO_2 Emissions from Fuel Combustion. International Energy Agency (OECD/IEA), Paris.

IEA. 2007b. World Energy Outlook 2007. International Energy Agency (OECD/IEA), Paris.

IEA. 2008a. Deploying Renewables: Principles for Effective Policies. International Energy Agency (OECD/IEA), Paris.

IEAGHG. 2006. Greenhouse Issues.

IEA Greenhouse Gas R&D Programme. 2002. Transmission of CO_2 and Energy, Report no. PH4/6.

IPCC. 2001. Climate Change 2000: Impacts and Adaptation. Cambridge: Cambridge University Press.

IPCC. 2005. Carbon Dioxide Capture and Storage. Cambridge: Cambridge University Press.

IPCC. 2007a. Climate change 2007: Impacts, Adaptation and Vulnerability Cambridge: Cambridge University Press.

IPCC. 2007b. Intergovernmental Panel for Climate Change Fourth Assessment Report. Cambridge: Cambridge University Press.

PCC. 2011. IPCC special Report on Renewable Energy Sources And Climate Change Mitigation. Cambridge: Cambridge University Press.

Jacoby H D, et al. 2004. Technology and Technical Change in the MIT EPPA Model MIT Global Change Joint Program Report No. 111.

Jeremy D, Herzog H. 2000. The cost of carbon capture//fifth international conference on greenhouse gas control technologies, Cairns, Australia.

Jorion P. 1997. VAR-The New Benchmark for Managing Financial Risk. New York: McGraw-Hill Company. Ins.

Keith D W, Ha Duong M, Stolaroff J K. 2006. Climate strategy with CO_2 capture from the air. Climatic Change, 74: 17-45.

Knowles C. 2008. Associate Director, Energy, Environment and Investment Funds, Structured Finance and Advisory, AGI/EU, European Investment Bank. Personal communication.

Koljonen T, Flyktman M, Lehtila A, et al. 2009. The role of CCS and renewables in tackling climate change. Energy Procedia, 1: 4323-4330.

Krey B, Zweifel P. 2006. Efficient Electricity Portfolios for Switzerland and the United States. University of Zurich, SOI Working Paper No. 0602.

Kumbaroglu G, Madlener R, Demirel M. 2008. A real options evaluation model for the diffusion prospects of new renewable power generation technologies. Energy Economics, 30 (4): 1882-1908.

Laurikka H. 2006. Option Value of Gasification Technology within an Emissions Trading Scheme. Energy Policy, 34 (18): 3916-3928.

Laurikka H, Koljonen T. 2006. Emissions trading and investment decisions in the power sector-a case study in Finland. Energy Policy, 34 (9): 1063-1074.

Lawrence H Goulder, Ian W H Parry. 2008. Instrument choice in environmental policy. Review of Environmental Economics and Policy, 2 (2): 152-74.

LEONARDO ENERGY. 2009. CO_2 separation and storage (CCS). http://www.leonardo-energy.org/drupal/node/853.

Li H, Yan J. 2009. Impacts of equations of state (EOS) and impurities on the volume calculation of CO_2 mixtures in the applications of CO_2 capture and storage (CCS) processes. Applied Energy, 86: 2760-2770.

Li S, Zhang X S, Gao L, et al. 2012. Learning rates and future cost curves for fossil fuel energy systems with CO_2 capture: Methodology and case studies. Applied Energy, 93: 348-356.

Liang X, Reiner D, Gibbins J, et al. 2009. Assessing the value of CO_2 capture ready in new-build pulverised coal-fired power plants in China. International Journal of Greenhouse Gas Control, 3: 787-792.

Lilliestam J, Bielicki J M, Patt A G. 2012. Comparing carbon capture and storage (CCS) with concentrating solar power (CSP) Potential, costs, risks, and barriers. Energy Policy, 47: 447-455.

Liu H, Gallagher K. 2009. Driving carbon capture and storage forward in China. Energy Procedia, 1 (1): 3877-3884.

Lohwasser R, Madlener R. 2012. Economics of CCS for coal plants: Impact of investment costs and efficiency on market diffusion in Europe. Energy Economics, 34: 850-863.

Longstaff F A, Schwartz E S. 2001. Valuing American options by simulation: A simple least square approach. The Review of Financial Studies, 14 (1): 113-147.

Maribu K M, Firestone R M, Marnay C, et al. 2007. Distributed energy resources market diffusion model. Energy Policy, 35: 4471-4484.

Martin D F, Taber J J. 1992. Carbon Dioxide Flooding. Journal of Petroleum Technology, 44 (4): 396-400.

Martinsen D, Linssen J, Markewitz P, et al. 2007. CCS: a future CO_2 mitigation option for Germany? A bottom-up approach. Energy Policy, 35: 2110-2120.

María Isabel Blanco, Glória Rodrigues. 2008. Can the future EU ETS support wind energy investments? Energy Policy, 36 (4): 1509-1520.

McCollum D L. 2006. Comparing techno-economic models for pipeline transport of carbon dioxide. Institute of Transportation Studies, University of California-Davis. http://www.eia.gov/dnav/pet/pet_ pri_ spt_ s1_ d. htm.

McCollum D L, Ogden J M. 2006. Techno-economic models for carbon dioxide compression, transport, and storage & correlations for estimating carbon dioxide density and viscosity. Institute of Transportation Studies. University of California-Davis.

McCoy S, Rubin E. 2009. An engineering-economic model of pipeline transport of CO_2 with application to carbon capture and storage. International Journal of Freenhouse Gas Control, 2 (2): 219-229.

McDonald A, Schrattenholzer L. 2001. Learning rates for energy technologies. Energy Policy, 29: 255-261.

McDonald R, Siegel D. 1986. The value of waiting to invest. The Quarterly Journal of Economics, 101 (4): 707-728.

McKinsey. 2008. Carbon capture & storage: Assessing the economics. McKinsey & Company, Inc, New York.

Metin Celebi, Frank Graves. 2009. Volatile CO_2 prices discourage CCS investment. Working paper. http://www.hks.harvard.edu/hepg/Papers/2009/Celebi-Graves_ CO_2%20Long%20Volatility%20Paper_ FinaL pdf.

Michael G, Neuhoff K. 2006. Allocation and competitiveness in the EU emissions trading scheme: policy overview. Climate Policy, 6 (1): 7-30.

Min K J, Wang C H. 2000. Generation planning for inter-related generation units: A real options approach. IEEE Power Engineering Society Summer Meeting.

Ministry of Science and Technology (MOST). 2011. Carbon capture, utilization and storage technology development in China.

Mo J L, Zhu L. 2014. Using floor price mechanisms to promote CCS investment and CO_2 abatement. Energy and Environment, 25 (3-4): 687-707.

Mo J L, Zhu L, Fan Y. 2012. The impact of the EU ETS on the corporate value of European electricity corporations. Energy, 45 (1): 3-11.

Mohitpour M, Golshan H, Murray A. 2000. Pipeline design & construction: A practical approach. New York: American Society of Mechanical Engineers Press.

Myers S C, Turnbull S M. 1977. Capital budgeting and the capital asset pricing model: Good news and bad news. The Journal of Finance, 32 (2): 321-333.

Newell R G, Jaffe A B, Stavins R N. 2006. The effects of economic and policy incentives on carbon mitigation technologies. Energy Economics, 28: 563-578.

Newell R, Pizer W, Zhang J F. 2005. Managing permit markets to stabilize prices. Environmental & Resource Economics, 31 (2): 133-57.

Odeh N A, Cockerill T T. 2008. Life cycle GHG assessment of fossil fuel power plants with carbon capture and storage. Energy Policy, 36 (1): 367-380.

Odenberger M, Johnsson F. 2009. The role of CCS in the European electricity supply system. Energy Procedia, 1 (1): 4273-428.

Odenberger M, Johnsson F. 2010. Pathways for the European electricity supply system to 2050-The role of CCS to meet stringent CO_2 reduction targets. International Journal of Greenhouse Gas Control, 4: 327-340.

Paddock J L, Siegel D R, Smith J L. 1988. Option valuation of claims on real assets: the case of offshore petroleum leases. Quarterly J. Economics, 103: 479-508.

Peter John Woodn, Frank Jotzo. 2011. Price floors for emissions trading. Energy Policy, 39 (3): 1746-1753.

Philibert C. 2009. Assessing the value of price caps and floors. Climate Policy, 9 (6): 612-633.

Pizer W A. 2002. Combining price and quantity control to mitigate global climate change. Journal of Public Economics, 85 (3): 409-434.

Reiner D, Liang X. 2009. Opportunities and hurdles in applying CCS technologies in China-with a focus on industrial stakeholders. Energy Procedia, 1: 4827-4834.

Riahi K, et al. 2002. Effects of technological learning on prospects for carbon capture and sequestration technologies. Sixth International Conference on Greenhouse Gas Control Technologies, (GHGT-6) Session G4-Economics I, Kyoto.

Riahi K, Rubin E S, Taylor M R, et al. 2009. Technological learning for carbon capture and sequestration technologies. Energy Economics, 26: 539-564.

Roberts M J, Spence M. 1976. Effluent charges and licenses under uncertainty. Journal of Public Economics, 5 (3-4): 193-208.

Roques F A, Newbery D M, Nuttall W J. 2008. Fuel mix diversification incentives in liberalized electricity markets: a mean-variance portfolio theory approach. Energy Economics, 30 (4): 1831-1849.

Ross S. 1978. A simple approach to the valuation of risky streams. Journal of Business, 51 (3): 453-475.

Rubin E S. 2012. Understanding the pitfalls of CCS cost estimates. International Journal of Greenhouse Gas Control, 10: 181-190.

Rubin E S, Taylor M R, Yeh S, et al. 2004. Learning curves for environmental technologies and their importance for climate policy analysis. Energy, 29: 1551-1559.

Schumacher K, Sands R. 2009. Greenhouse gas mitigation in a carbon constrained world-the role of CCS in Germany. Energy Procedia, 1 (1): 3755-3762.

Schwartz E S. 2004. Patents and R&D as real options. Economic Notes by Banca Monte dei Paschi di Siena SpA, 33: 23-54.

Seevam P N, Downie M J, Hopkins P. 2008. Transporting the Next Generation of CO_2 for Carbon Capture and Storage: The Impact of Impurities on Supercritical CO_2 Pipelines. Proceedings of the IPC2008 7th International Pipeline Conference. Calgary, Alberta, Canada.

Shackley S, Verma P. 2008. Tackling CO_2 reduction in India through use of CO_2 capture and storage (CCS): Prospects and challenges. Energy Policy, 36: 3554-3561.

Siddiqui A S, Marnay C. 2008. Distributed generation investment by a microgrid under uncertainty. Energy, 33: 1729-1737.

Siddiqui A S, Maribu K. 2009. Investment and upgrade in distributed generation under uncertainty. Energy Economics, 31: 25-37.

Siddiqui A S, Marnay C, Wiseret R H, et al. 2007. Real options valuation of US federal renewable energy research, development, demonstration, and deployment. Energy Policy, 35 (1): 265-279.

Smith J E, McCardle K F. 1996. Valuing oil properties: integrating option pricing and decision analysis approaches. Operations Research, 46: 198-217.

Smith J E, McCardle K F. 1996. Valuing oil properties: integrating option pricing and decision analysis approaches. Operations Research, 46: 198-217.

Smith J E, McCardle K F. 1999. Options in the real world: lessons learned in evaluating oil and gas investments. Operations Research, 47: 1-15.

Smith J E, Nau R F. 1995. Valuing risky projects: Option pricing theory and decision analysis. Management Science, 41 (5): 795-816.

Smith L A, Gupta N, Sass B M, et al. 2001. Engineering and economic assessment of carbon dioxide sequestration in saline formations. Battelle Memorial Institute.

Socolow R, Pacala S, Greenblatt J. 2004. 'WEDGES': Early Mitigation with Familiar Technology. The 7th International Conference on Greenhouse Gas Control Technology, Vancouver, Canada.

Somayeh Heydari, Nick Ovenden, Afzal Siddiqui. 2010. Real options analysis of investment in carbon capture

Stern N. 2006. Stern Review on the Economics of Climate Change. HM Treasury.

Strachan N. 2008. Soft-linking UK MARKAL to a GIS interface to investigate spatial aspects of new hydrogen infrastructures. International Energy Workshop. IEA. Paris.

Syri S, et al. 2008. Global energy and emissions scenarios for effective climate change mitigation—Deterministic and stochastic scenarios with the TIAM modeL International Journal of Greenhouse Gas Control, 2: 274-285.

Trigeorgis L. 1996. Real Options-Managerial Flexibility and Strategy in Resource Allocation. Cambridge: The MIT Press.

UNFCCC. 1992. United Nations Framework Convention on Climate Change. United Nations.

van den Broek M, Hoefnagels R, Rubin E, et al. 2009. Effects of technological learning on future cost and performance of power plants with CO_2 capture. Progress in Energy and Combustion Science, 35: 457-480.

Venetsanos K, et al. 2002. Renewable energy sources project appraisal under uncertainty: the case of wind energy exploitation within a changing energy market environment. Energy Policy, 30 (4): 293-307.

Viebahn P J, Nitsch M, Fischedick A, et al. 2007. Comparison of carbon capture and storage with renewable energy technologies regarding structural, economic, and ecological aspects in Germany. International Journal of Greenhouse Gas Control, 1: 121-133.

Watson J. 2008. Setting Priorities in Energy Innovation Policy: Lessons for the UK. Discussion Paper 2008-07. John F Kennedy School of Government, Harvard University.

Weitzman M L. 1974. Prices vs. quantities. Review of Economic Studies, 41 (4): 477-491.

Williams R H. 2001. Toward zero emissions from coal in China. Energy for Sustainable Development, 5 (4): 39-65.

Willmott L R, Batchelder H R, Wenzell J L P, et al. 1956. Performance of a girbotol purification plant at Louisiana, Mo. 1956. Department of the Interior, Bureau of Mines.

Woodn P J, Jotzo F. 2011. Price floors for emissions trading. Energy Policy, 39 (3): 1746-1753.

Yang M, Blyth W. Modeling investment risks and uncertainties with real options approach. http://www.iea.org/papers/2007/roa_ modeL pdf.

Zanganeh K E, Shafeen A. 2007. A novel process integration, optimization and design approach for large-scale implementation of oxy-fired coal power plants with CO_2 capture. International Journal of Greenhouse Gas Control, 1: 47-54.

Zhang X, Wang X, Chen J J, et al. 2014. A novel modeling based real option approach for CCS investment evaluation under multiple uncertainties. Applied Energy, 113: 1059-1067.

Zhou W, Zhu B, Fuss S, et al. 2010. Uncertainty modeling of CCS investment strategy in China's power sector. Applied Energy, 87 (7): 2392-2400.

Zhu L. 2012. A simulation based real options approach for the investment evaluation of nuclear power. Computers & Industrial Engineering, 63 (3): 585-593.

Zhu L, Fan Y. 2010. Optimization of China's generating portfolio and policy implications based on portfolio theory. Energy, 35: 1391-1402.

Zhu L, Fan Y. 2011. A real options based CCS investment evaluation model: case study of China's power generation sector. Applied Energy, 88 (12): 4320-4333.

Zhu L, Fan Y. 2013. Modelling the investment in carbon capture retrofits of pulverized coal-fired plants. Energy, 57 (8): 66-75.

参数	符号	值	说明
发电容量	q	$25000 \times 10^6\,kWh$	2007年中国火电发电量为$2722930 \times 10^6\,kWh$，文中主要考察对象为发电企业，所以这里将替代发电量设为发电总量的1%
火电发电成本	P_F	0.3 元/kWh	这里采用的是中国煤炭发电的平均成本，数据来自之前研究对火电发电成本的估计，见Zhu和Fan（2009）
火电发电成本漂移率	α	0.04/a	本研究设定
火电发电成本标准差	σ_F	9.00%/a	数据来自之前研究对火电发电燃料成本风险的估计，见Zhu和Fan（2009）
碳价格	P_C	0.12 元/kWh	数据来自之前研究对碳排放成本的估计，见Zhu和Fan（2009）
碳价格漂移参数	γ	0.02/a	本研究设定
碳价格方差参数	σ_C	11.50%/a	数据来自之前研究对碳排放成本风险的估计，见Zhu和Fan（2009）
含CCS的火电发电成本	P_S	0.8 元/kWh	数据来自之前中欧StraCO$_2$项目研究中关于CCS技术在中国适用性评估的技术数据
含CCS的火电发电成本漂移率（部署后）	θ	−0.03/a	本研究设定
含CCS的火电发电成本标准差（部署后）	σ_S	9.00%/a	因为CCS技术也是依靠化石燃料发电，因此假设其成本波动与现有火电波动相同。数据来自之前研究对火电发电燃料成本风险的估计，见Zhu和Fan（2009）
含CCS的火电发电成本漂移率（部署前）	$v\,(M)$	−0.0325/a 当研发投入为1000×10^6 元/a时，$\min\theta\,(M) = -0.04/a$	本研究设定

参数	符号	值	说明
含 CCS 的火电发电成本标准差（部署前）	$\sigma_S(M)$	8.33%/a 当研发投入为 1000×10^6 元/a 时，$\max \delta_S(M) = 7\%/a$	本研究设定
部署 CCS 的总转换成本	K	10000×10^6 元	本研究设定
初始年转换投资	I	2000×10^6 元/a	本研究设定
R&D 费用	M	1000×10^6 元/a	本研究设定
技术不确定性	β	0.5	参考 Schwartz（2003）及 Dixit 和 Pindyck（1994）的设定
无风险利率	r	5.00%	数据采用国内长期存款利率作为无风险利率
观测时间	T	2011～2030 年	根据中欧 StraCO₂ 项目研究中关于 CCS 何时能实现商业化的讨论，我们认为 CCS 能发挥最大减排作用的时期在未来的 20 年
模拟中的时间步长	Δt	1a	
模拟路径数		1000	一般路径模拟结果在达到 1000 步时开始收敛，因此本文将不同情景的路径模拟次数均设为 1000
排放系数	e	778g CO_2/kWh	排放因子数据来自 IEA2009，2007 年中国火电单位发电量的温室气体排放为 778g CO_2/kWh

附录2 第3章模型参数表

参数	符号	值	说明
装机容量	X	600×10^3 kWh	文中主要考察对象为装机600MW的超临界火电机组，这也是近年来中国投入运营的主要火电机组
容量因子	cap	0.80	数据来自 MARKAL（ECN，2004）http://www.etsap.org/markal/matter/data/ele.html
可用因子	avai	0.75	数据来自 MARKAL（ECN，2004）http://www.etsap.org/markal/matter/data/ele.html
年发电小时数	h	8760 h/a	为简化处理，本文中将机组年发电小时数设为恒量
CCS的总投资成本	K_{CCS}	1280×10^6 元	本研究设定
初始年改造投资	I_{CCS}	400×10^6 元/a	本研究设定
技术不确定性	β	0.5	参考 Schwartz（2003）及 Dixit 和 Pindyck（1994）的设定
火电发电成本	P_F	0.3 元/kWh	这里采用的是中国煤炭发电的平均成本，数据来自之前研究对火电发电成本的估计，见 Zhu 和 Fan（2010）
发电成本漂移率	$\alpha_F - \lambda_F$	0.04/a	本研究设定
发电成本波动率	σ_F	9.00%/a	数据来自之前研究对火电发电燃料成本风险的估计，见 Zhu 和 Fan（2010）
CO_2价格	P_C	150 元/t	数据来自 Abadie 和 Chamorro（2008）
CO_2漂移率	$\alpha_C - \lambda_C$	0.03/a	关于碳价格运动过程的参数来自 Abadie 和 Chamorro（2008）的估计

参数	符号	值	说明
CO_2 价格波动率	σ_C	20.00%/a	Abadie 和 Chamorro（2008）采用 2005～2007 年日数据估算出的欧洲碳价格波动为 46.83%，考虑到在 EU-ETS 第一阶段末期配额价格的大幅起落，我们这里用了一个相对较低的波动率水平来表征碳价格未来波动
效率惩罚率	l	10%	本研究设定
CCS 捕获成本	P_S	200 元/t	数据来自之前中欧 $StraCO_2$ 项目研究中关于 CCS 技术在中国适用性评估的技术数据
捕获成本漂移率	$\alpha_S - \lambda_S$	-0.03/a	本研究设定
捕获成本波动率	σ_S	9.00%/a	因为 CCS 技术也是依靠化石燃料发电，因此假设其成本波动于现有火电波动相同
CCS 捕获成本的下限值	P_{SL}	50 元/t	
贴现率	r	5.00%	数据采用国内长期存款利率作为无风险利率
观测时间	T	2011～2030 年	这里假设 CCS 改造投资开始时，现有超临界机组的剩余运营寿命为 20 年
模拟中的时间步长	Δt	1a	
模拟路径数		5000	一般路径模拟结果在达到 1000 步时开始收敛，因此本文将不同情景的路径模拟次数均设为 5000
排放系数	ef	778g CO_2/kWh	排放因子数据来自 IEA（2011），2007 年中国火电单位发电量的温室气体排放为 778gCO_2/kWh

附录3 第4章模型参数表

参数	值
工厂规模/MW	500
设备生命期/a	40
生产因子/%	80
平均 CO_2 排放/（g/kWh）	800
碳捕获率/%	90
不含 CCS 的电力消耗/%	5
含 CCS 的电力消耗/%	20
电力价格/（欧元/kWh）	0.04
碳价格/（欧元/t CO_2）	15
预期未来碳价/（欧元/t CO_2）	40
碳价格波动率/%	46
捕获单元的运营维护费用/（欧元/MWh）	1.348
运输及封存成本/（欧元/t）	7.35
资本成本/10^6 欧元	214.5
年学习率/%	2
残值	0
无风险利率/%	5
M（模拟价格路径数）	10000
底价/（欧元/t CO_2）	10

注：

1. Abadie and Chamorro（2008）采用均值回复模型描述电价变化，长期均衡电价水平为 0.0378 欧元/kWh，这里我们将电价水平设为 0.04 欧元以简化我们的分析

2. 欧盟碳配额价格经历了较大的波动，2005～2012 年期间，价格在第一期和第二期时从 30 欧元/t CO_2 变化到接近 0，这里我们对 CO_2 价格的设定是基于历史数据取平均得到

3. 根据 IEA（2011），对于没有安装 CO_2 捕获设备的电厂，平均的 CO_2 减排成本约为 55 美元/t CO_2（约为 43 欧元/t CO_2），在我们的研究中，我们参考 Abadie and Chamorro（2008），将期望 CO_2 价格设为 40 欧元/t CO_2

4. 在基准情景中碳价格波动是基于欧盟碳配额历史价格计算得到，这与 Abadie and Chamorro（2008）的计算结果也较为相似

5. 当前欧盟碳市场碳价格整体水平较低，不足 10 欧元，并认为这个价格不足以支持 CCS 的投资。作为对比分析，我们将当前比较低的底价水平（10 欧元/t CO_2）设为基准水平

资料来源：Coombes et al.（2006），Abadie and Chamorro（2008）and IEA（2011）.

附录4   第6章相关成本核算方法

附录4.1   电厂 CO_2 捕获过程中压缩机与泵的成本计算

压缩设备包括压缩机和泵 McCollum（2006）。

压缩过程是将 CO_2 从气体状态（$P_{initial}$）压缩到适宜管道运输的压力状态（P_{final}）。在 CO_2 从气体状态转变成运输状态过程中，需要经历一个相位的转化，之前使用压缩机，达到临界状态后使用泵，临界压力为 $P_{cut\text{-}off}$。使用压缩机压缩时，假设分为 n 次压缩，每次的压缩率 $CR = (P_{cut\text{-}off} - P_{initial})^{1/n}$。

第 i 次压缩用电量 $W_{s,i}$ 可由公式（4-1）计算：

$$W_{s,i} = \left(\frac{1000}{24 \times 3600} \right) \left(\frac{\dot{m} Z_s R T_{in}}{M_{CO_2} \eta_{is}} \right) \left(\frac{k_s}{k_s - 1} \right) \left[(CR)^{\frac{k_s - 1}{k_s}} - 1 \right] \tag{A4-1}$$

其中，$\dot{m}$ 为管道运输的 CO_2 的流率，单位为 t/d；Z_s 为每阶段 CO_2 的平均压缩率，R 为气体常数，单位为 kJ/kmol-K；T_{in} 为 CO_2 在压缩机入口的温度，单位为 K；M_{CO_2} 为 CO_2 的分子量，单位为 kg/kmol；η_{is} 为压缩机的等熵效率；k_s 为 CO_2 在每个阶段的平均比热比。

总用电量

$$W_{s\text{-}total} = \sum_{i=1}^{n} W_{s,i} \tag{A4-2}$$

目前技术下压缩机组的最大功率为 M_{com} kW，所需压缩机组的数量应为整数，故压缩机组的数量为

$$N_{train} = ROUND\_UP(W_{s\text{-}total}/M_{com}) \tag{A4-3}$$

泵用电量的计算公式如下：

$$W_p = \left(\frac{1000}{24 \times 3600} \right) \left(\frac{\dot{m}(P_{\text{final}} - P_{\text{cut-off}})}{\rho \eta_p} \right) \quad \text{(A4-4)}$$

其中，ρ 为 CO_2 在泵中的密度；单位为 kg/m^3；η_p 为泵的效率。

CO_2 经过每个压缩机组的流率（单位为 kg/s）为

$$m_{\text{train}} = \frac{1000\dot{m}}{24 \times 3600 \times N_{\text{train}}} \quad \text{(A4-5)}$$

在 2005 年美元水平下，压缩机和泵的投资成本可由下式（McCollum，2006）计算

$$C_{\text{comp}} = m_{\text{train}} N_{\text{train}} \left[(0.13 \times 10^6)(m_{\text{train}})^{-0.71} + (1.4 \times 10^6)(m_{\text{train}})^{-0.6} \ln\left(\frac{P_{\text{cut-off}}}{P_{\text{initial}}} \right) \right]$$

$$\text{(A4-6)}$$

$$C_{\text{pump}} = \left[(1.11 \times 10^6) \times (W_p/10\,000) + (0.07 \times 10^6) \right] \quad \text{(A4-7)}$$

附录 4.2　CO_2-EOR 模块数量的确定

根据原油产量确定生产井及 EOR 模块的数量。假设油田单井每天平均产量为 q_{oilsi}（单位为 t），每天的原油产量为 q_{oildaily}（单位为 t），则需要的生产井数量

$$n_{\text{pwell}} = \frac{q_{\text{oildaily}}}{q_{\text{oilsi}}} \quad \text{(A4-8)}$$

设在 CO_2 驱油的过程中，生产井和注入井的比例为 $1:\gamma_{\text{well}}$，则注入井的数量

$$n_{\text{iwell}} = \gamma_{\text{well}} \cdot n_{\text{pwell}} \quad \text{(A4-9)}$$

为方便计算 CO_2-EOR 的成本，将 EOR 项目分为若干模块，每个模块包括 n_0 口生产井、$\gamma_{\text{well}} \cdot n_0$ 口注入井和 1 口地层水回注井，则模块数量

$$n_{\text{module}} = \left[\frac{n_{\text{pwell}}}{n_0} \right] \quad \text{(A4-10)}$$

附录 4.3　CO_2 封存过程中注入井数量的计算

若油价出现严重下跌，继续使用 CO_2 驱油将不具备经济可行性，因此，油田会选择将 CO_2 注入油田的废弃井中。根据油田废井的技术参数，可按下述方法计

算所需钻井数:

注入井的平均压力

$$P_{inter} = P_{res} + P_{down} \tag{A4-11}$$

其中,P_{res} 为井口压力,P_{down} 为井底压力,单位均为 MPa。

储层的绝对渗透率

$$k_a = (k_h \cdot k_v)^{0.5} \tag{A4-12}$$

其中,k_h 为岩层的水平渗透率,k_v 为岩层的垂直渗透率,单位为 MD。

储层内 CO_2 的流动性

$$CO_2 mobility = k_a / \mu_{inter} \tag{A4-13}$$

其中,μ_{inter} 为 CO_2 在管道中黏度,单位为 mpa-s。

CO_2 的注入性

$$CO_2 injectivity = 0.0208 \times CO_2 mobility \tag{A4-14}$$

每口井的注入量

$$Q = (CO_2 injectivity) \cdot h \cdot (P_{down} - P_{res}) \tag{A4-15}$$

注入井的数量取决于 CO_2 的流率和每口井的注入量,但是每口井的数量是一个整数,故注入井的数量

$$N_{well} = ROUND\_UP(m/Q) \tag{A4-16}$$

附录4.4　其他成本核算

电厂投资 CCS 捕获技术改造后,其它成本主要包括融资成本和税金两个部分。假设项目的资金来源为银行贷款与自有资金,则融资成本为贷款利息。

1) 贷款利息

因为 CCS-EOR 项目是低碳项目,故可以申请政策性贷款,因此项目有 2 种贷款(普通商业贷款与政策性贷款),贷款额分别为 L_1、L_2,期限分别为 m_1、m_2,第 i 年的利率分别为 r_{loi}、r_{lpi},第 i 年的偿还金额分别 P_{1i}、P_{2i} 为则第 i 年偿还的利息为

$$I_i = \sum_{j=1}^{2} \left(L_j - \sum_{l=1}^{i-1} P_{jl} \right) \times r_{ji} \times n_j$$

$$n_j = \begin{cases} 1, & i \le m_j \\ 0, & i > m_j \end{cases} \tag{A4-17}$$

2） 营业税金及附加

中国企业向外国企业转让"碳减排指标"收取的款项不能按销售应税劳务征收营业税，故可征税的收入为出售 CO_2 的收入，第 i 年需缴纳营业税金及附加金额为

$$T_{bi} = R_{CO,i} \times r_b \qquad (\text{A4-18})$$

其中，$R_{CO,i}$ 表示分别表示项目第 i 年的出售 CO_2 的收入；r_b 表示营业税率。

3） 所得税

首先计算第 i 年的税前利润

$$p_i = r_{EORi} + r_{Abei} - C_{capO\&Mi} - I_i - P_i - T_{bi} \qquad (\text{A4-19})$$

由于项目的利润可以补五年内的亏损，因此第 i 年需缴纳的所得税为

$$T_{ii} = \min\left(\sum_{j=i-4}^{i} p_j, \ p_i\right) \times y_i \times r_i$$

$$y_i = \begin{cases} 1, & \min\left(\sum_{j=i-4}^{i} p_j, \ p_j\right) \geq 0 \\[2mm] 0, & \min\left(\sum_{j=i-4}^{i} p_j, \ p_j\right) < 0 \end{cases} \qquad (\text{A4-20})$$

为使式（A4-20）有意义，令 $p_j = 0$，$j = 0$，-1，-2，-3。式中 r_i 表示所得税率。

附录5 | 第6章模型参数表

附录5.1　项目经济参数表

项目经济参数	符号	取值	单位	说明
营业税率	r_b	5%		参考中国营业税率取值
所得税率	r_i	25%		参考中国企业所得税率取值
普通贷款利率	r_{lo}	6.55%		取2014年初商业银行贷款利率
政策性贷款利率	r_{lp}	4.59%		取普通贷款利率的70%
贷款年限	m	15	年	项目年限为20年，贷款取项目全生命的70%~80%
普通贷款比例	α	60%		普通贷款容易得到，故比例略大于政策性贷款
普通贷款筹资费用率	r_{final}	0		普通贷款手续较简单，为简便取0
政策性贷款筹资费用率	r_{fina2}	0.75%		申请复杂，设为0.75%
折现率	R	8%		本章设定
单位流率所需投资成本	Ce	476	元/tCO$_2$	参考David（2000）
核证减排量CO$_2$价格	p_{CO_2CER}	80	元/t	本研究基于碳价设定
CER价格占碳市场价格的比例	η_{CO_2}	80%		本研究设定
油价	p_{oil}	640	元/桶	参考国际石油网数据，胜利原油104.85元/桶，折合成人民币得到（http://oil.in-en.com/quote/）
蒸汽价格	p_{va}	200	元/t	本研究设定
吸收剂价格	p_{ab}	25 000	元/t	本研究设定
捕集压缩设备运营费用系数	$k_{capfaci}$	30	元/t	参考Jeremy（2000）
电价	p_{ele}	0.45	元/kWh	参考Zhu（2010）
CO$_2$固定价格	p_{CO_2}	300	元/t	本研究设定
管道运营费用占比	η_2	2.50%		参考McCollum（2006）
与油价挂钩的CO$_2$价格占油价的比例	α_{oil}	15.60%		本研究基于油价与碳价设定
与蒸汽价格挂钩的CO$_2$价格占蒸汽价格的比例	α_{va}	50%		本研究基于油价与燃料价格设定

附录5.2 捕获环节相关技术参数表

捕集压缩环节技术参数	符号	取值	单位	说明
电厂装机容量	X_F	600	MW	本章设定
容量因子	cap	0.80		参考 Zhu and Fan（2013）
排放因子	ef	0.90	tCO_2/MWh	参考 International Energy Agency（2011）
一年的小时数	t	8760		
CO_2 气态时压力	$P_{initial}$	0.1	MPa	参考 McCollum（2006）
管道运输状态 CO_2 压力	P_{final}	15	MPa	参考 McCollum（2006）
临界压力	$P_{cut\text{-}off}$	7.38	MPa	参考 McCollum（2006）
压缩次数	n	5		参考 McCollum（2006）
CO_2 分子量	M	44.01	kg/kmol	
气体常数	R	8.314	kJ/kmol-K	
压缩机入口温度	T_{in}	313.15	K	参考 McCollum（2006）
压缩机等熵效率	η_{is}	0.75		参考 McCollum（2006）
捕集 $1tCO_2$ 消耗蒸汽量	v	1.754	t	
捕集 $1tCO_2$ 消耗吸收剂量	a	1.44×10^{-5}	t	
电力输出损失	l_{ele}	0.196	$kWh/kgCO_2$	参考 王众（2012）
阶段 1 CO_2 的平均压缩率	Z_{s1}	0.99		参考 McCollum（2006）
阶段 2 CO_2 的平均压缩率	Z_{s2}	0.99		参考 McCollum（2006）
阶段 3 CO_2 的平均压缩率	Z_{s3}	0.97		参考 McCollum（2006）
阶段 4 CO_2 的平均压缩率	Z_{s4}	0.94		参考 McCollum（2006）
阶段 5 CO_2 的平均压缩率	Z_{s5}	0.85		参考 McCollum（2006）
阶段 1 CO_2 的平均比热比	k_{s1}	1.28		参考 McCollum（2006）
阶段 2 CO_2 的平均比热比	k_{s2}	1.29		参考 McCollum（2006）
阶段 3 CO_2 的平均比热比	k_{s3}	1.31		参考 McCollum（2006）
阶段 4 CO_2 的平均比热比	k_{s4}	1.38		参考 McCollum（2006）
阶段 5 CO_2 的平均比热比	k_{s5}	1.70		参考 McCollum（2006）

附录5.3 运输环节相关技术参数表

运输环节技术参数	符号	取值	单位	说明
管道长度	L	70	km	本研究设定
地区因子	FL	0.8		参考 McCollum（2006），中国地区因子为 0.7~0.9
地形因子	FT	1		参考 McCollum（2006），平原地区的地形因子为 1.0

附录5.4 驱油和封存环节相关技术参数表

驱油封存环节技术参数	符号	取值	单位	说明
单井产量	q_{oilsi}	40	t/d	参考王众（2012），数据来源于 EPRI，2000
生产井与注入井比例	γ_{well}	1：1.1		参考王众（2012），数据来源于 EPRI，2000
单模块含生产井数量	n_0	10		参考王众（2012）
压缩耗电	e_{com}	65	kWh/t	参考王众（2012）
抽吸耗电	e_{pump}	25	kWh/bbl	参考王众（2012）
分离耗电	e_{sep}	10	kWh/bbl	参考王众（2012）
其他耗电	e_{oth}	8	kWh/bbl	参考王众（2012）
井口压力	P_{res}	13.8	MPa	参考 Smith（2001）
井底压力	P_{down}	17	MPa	参考 Smith（2001）
水平渗透系数	k_h	50	mD	参考 Smith（2001）
垂直渗透系数	k_v	15	mD	参考 Smith（2001）
CO_2 在管道中黏度	μ_{inter}	0.0000282	Pa. s	参考 Smith（2001）
砂岩层厚度	h	43	m	参考 Smith（2001）
井深	d	1554	m	参考 Smith（2001）
单模块压缩设备成本	C_{incomp}	14.57	10^6 元	参考 Heddle（2003）
单模块注入厂房成本	C_{plant}	0.93	10^6 元	参考 Heddle（2003）
单模块管线成本	C_{line}	0.63	10^6 元	参考 Heddle（2003）
单模块集水器成本	C_{coll}	0.50	10^6 元	参考 Heddle（2003）
单模块电力设施成本	C_{elefac}	0.80	10^6 元	参考 Heddle（2003）
单模块注入井改造成本	C_{recon}	4.97	10^6 元	参考 Heddle（2003）
单模块输油管线更换成本	$C_{oilline}$	0.75	10^6 元	参考 Heddle（2003）
单模块道路、油泵成本	$C_{oilpump}$	0.34	10^6 元	参考 Heddle（2003）
单模块其他设备成本	C_{othfac}	3.33	10^6 元	参考 Heddle（2003）
日常开支的管理费	C_{dadm}	43.64	10^6 元	参考 Heddle（2003）
日常开支的人工费	C_{dlab}	51.45	10^6 元	参考 Heddle（2003）
操作工具	C_{dtool}	6.33	10^6 元	参考 Heddle（2003）
易耗品	C_{dconsu}	6.16	10^6 元	参考 Heddle（2003）
地面维护的人工费	C_{slab}	26.55	10^6 元	参考 Heddle（2003）
替换品及服务费	C_{srep}	36.41	10^6 元	参考 Heddle（2003）
设备使用费	C_{sfac}	13.39	10^6 元	参考 Heddle（2003）
地面维护的其他	C_{soth}	1.89	10^6 元	参考 Heddle（2003）
机修井服务费	C_{suwell}	3.78	10^6 元	参考 Heddle（2003）
补救费用费	C_{sureme}	12.41	10^6 元	参考 Heddle（2003）
地下维护的设备维修费	C_{sumai}	9.21	10^6 元	参考 Heddle（2003）
地下维护的其他费用	C_{suoth}	8.14	10^6 元	参考 Heddle（2003）